遵化古樹名木志

主　编　单宝东
副主编　李忠林　贾云霞

河北大学出版社
·保定·

出 版 人：耿金龙
封面题字：于志学
责任编辑：赵　谦　王姝宁
装帧设计：赵　谦　王占梅　李欣阳
责任校对：穆光煊
责任印制：靳云飞

图书在版编目（CIP）数据

遵化古树名木志 / 单宝东主编. -- 保定 : 河北大学出版社, 2019.10
ISBN 978-7-5666-1544-2

Ⅰ. ①遵… Ⅱ. ①单… Ⅲ. ①树木 - 植物志 - 遵化 Ⅳ. ① S717.222.4

中国版本图书馆 CIP 数据核字（2019）第 216249 号

出版发行：河北大学出版社
地址：河北省保定市七一东路2666号　邮编：071000
电话：0312-5073003　0312-5073029
网址：www.hbdxcbs.com
邮箱：hbdxcbs818@163.com
印　　刷：保定市正大印刷有限公司
幅面尺寸：285 mm × 210 mm
字　　数：130千字
印　　张：13.75
版　　次：2019年10月第1版
2019年10月第1次印刷
书　　号：ISBN 978-7-5666-1544-2
定　　价：126.00 元

编辑委员会

序

河北遵化，地处燕赵，起于春秋，后唐设县，取“遵循孔孟之道，教化黎民百姓”之意。这里历史悠久，百姓文明守礼。燕山书院，窦氏义塾，“窦燕山，有义方。教五子，名俱扬”。炮打狐窝除祸患，蒲老先生《聊斋志异》有遗篇。“一句话来只为墙，让他三尺又何妨。万里长城今犹在，不见当年秦始皇。”知进退，能忍让，成就“六尺巷”之美谈。戚继光，遵化戍边巡关十六载；萧太后，汤泉流杯亭里传佳话。三山两川灵秀地，遵化古树誉八方。为古树名木作志，是因为它有不同寻常的文明意义和不同寻常的历史文化价值。

遵化：名胜古迹，千年古树，亘古历史，源远流长；地大物博，资源丰富，景色优美，令人神往。清东陵、古长城世界文化遗产，中外闻名；鹫峰山、千年古刹之禅音缭绕，暮鼓晨钟。禅林古银杏，四世同堂，雄株龙种，声名远扬。鹫峰古侧柏，金刚护法，耸入云霄，奇哉壮哉！福泉宫，古栗融入现代园林景观，让人流连忘返；尚禾源，古栗环绕云门光泰禅寺，尽显禅意人生。清东陵名木水杉、云团松、白皮松为景区增色，沙石峪中阿友谊树，让人不忘艰苦奋斗的岁月。双义崖柏，风姿绰约；北峪刺槐，多子多福。尤山口栗宗板栗，罗文峪流苏古茶，相古庄香白杏，三义村桂花桑，洪水川第一槐，西李庄丝棉木，鲁北峪磨盘柿，五座塔小酸梨，刘备寨君迁子，寨主沟古橡树。古树，虽根枯枝残，主干空空，然仍能得到人们精心保护，这是一种信仰的力量！看那古树枝干上飘着的红绿绸带，和那祭拜时的小香炉，古树成了人们心灵的寄托、信仰和希望，它仿佛能为祭拜者增加福报，人们虔心地祈求神树显灵、祛病去灾、趋吉避祸。古树是自然遗产，也是文化遗产，爱护古树是文明的象征。忆往昔，国家处战乱、灾祸时代，华夏古树名木，亦不知遭了多少劫难和摧残，百年古树，往往顷刻间灰飞烟灭。所幸，愚昧和无知已经成为过去；和平盛世，祖国繁荣富强，强音合拍，响鼓重捶，颂扬古树历尽劫难而不屈，阅尽沧桑仍坚韧。美图美文，图文并茂，绝妙诗词，优美传说，文化、艺术、地理定位相结合，使人有身临其境的感觉。观之如饮甘露，令人精神愉悦，深感造化之神奇。

好序好书，珠联璧合。欣喜之余，序以之。

遵化市人大常委会副主任 曹贺龙

盛東古城歷千年
三山兩川形自然
教化登民遵孔孟
修身齊家心安然
樹生百年不當易
心懷敬畏護周全
燕趙之地重文脈
以為言志意深遠

歲在己亥仲秋月城腳下
譽九河畔

燕山李忠林詩
王立民書

目录

印象·遵化

印象·遵化之“风水宝地”

中国地名文化遗产
HISTORICAL — CULTURAL HERITAGE OF GEOGRAPHICAL NAMES OF CHINA
千年古县
AN ANCIENT COUNTY OF THOUSAND YEARS' HISTORY
遵化
ZUN HUA
联合国地名专家组中国分部
CHINA DIVISION OF THE UNITED NATIONS GROUP OF EXPERTS ON GEOGRAPHICAL NAMES
二〇〇五年

印象·遵化之“千年古县”

千年古县

据遵化史志记载，遵化在夏商属幽、冀之地，周初属燕地，春秋时属无终国。无终国在战国时为燕所灭，属燕之古北平郡。秦为右北平、渔阳二郡地。汉为徐无、俊靡二县，属右北平郡。三国时魏除徐无、俊靡二县外，兼有土垠县地。晋初仍为徐无、俊靡二县，属北平郡，后俊靡并入徐无。北魏太平真君七年（446）废北平郡，徐无县改属渔阳郡；北周，徐无并入无终县，属渔阳郡。隋大业三年（607）废无终并入渔阳县。唐武德二年（619）分渔阳复置无终县，

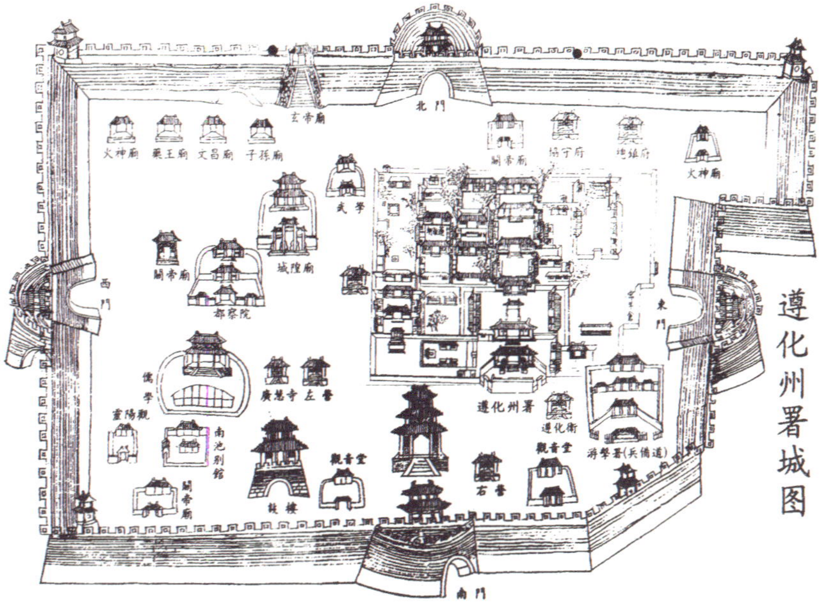

遵化州署城图

遵化北城门门楼

贞观初又废，乾封初复置，属幽州；武周万岁通天二年（697）为玉田县地，属营州；开元十八年（730）属蓟州；天宝元年（742），在今遵化境地建平州买马监（养马机构）。五代后唐在平州买马监地置遵化县（建年无考），属蓟州，遵化名称始于此。“遵化”二字据记载含义是：遵循孔孟之道，教化黎民百姓。五代后晋时，遵化属辽国；天庆十年（1120）遵化属金国；宋宣和五年（1123），金国将蓟州（含遵化）等六州归宋；宋时改名为滦川郡；靖康元年（1126），北宋亡于金，遵化属金中都蓟州；元代，遵化隶属大都路蓟州；明代遵化隶属京师顺天府蓟州；清康熙十五年（1676）因建清东陵升遵化州，统领玉田、丰润两县，隶属直隶布政使司，由通永道分辖。1913年废州府，遵化改为县，隶属直隶省渤海道；1928年，遵化改为河北省属县；1938年2月，遵化、兴隆划属伪冀东道。抗日战争时期，县内建立起抗日民主县政权，县境一度被分成几块，分属于丰玉遵、迁遵兴、蓟遵兴等联合县；抗战胜利后，各联合县相继撤销，仍为遵化县；1948年划为冀东区行署直属县。新中国成立后，遵化属河北省唐山专署；1983年撤唐山地区，遵化划为唐山市管县；1992年设立遵化市（县级市），唐山市代管；2005年遵化市成为扩权县（省辖县级市）。

遵化古来接边塞，靠长城，是兵家必争之地，兴于五代后唐，盛于大明。明蓟镇总兵戚继光于万历九年（1581）加修遵化城池。

“遵化——畿东第一城”石碑

把遵化城筑得威严壮阔，跟个铜打铁铸一般，时有“铜遵化，铁卢龙，箭杆插的玉田城”之说。遵化明清时期便有“畿东第一城”的美誉，此名来源于遵化古城北门城楼，此楼为三层重檐歇山顶建筑，较东、西、南三个城楼皆高一层，第三层匾额上写“畿东第一楼”。可能因为当时距离首都北京200公里以内无有高过此楼的城楼，因此遵化便有“畿东第一城”之称。标志性石碑位于遵化南112国道与文化南路城乡分界处的黎河公园内。

风水宝地

遵化总面积1521平方公里，人口75万（2017年9月份数据）。千百年来，遵化虽然没有江南鱼米之乡的地貌和气候，却一直是物阜民丰的宜居之地。境内矿产资源丰富，有铁、金、银、锰、白云石、蛇绿岩等30余种矿产，形成了钢铁、装备制造、食品加工、新型建材等主导产业。风水之说，古称堪舆术，虽是迷信之说，但也是我国千百年流传下来的古文化，上至君王将相，下至黎民百姓大多信奉“风水之说”。遵化被公认是“风水宝地”，不仅境内清东陵的帝王龙脉风水好，而且遵化整体的风水也被认为是绝佳的。山为龙，遵化境内三条龙脉：北有绵延巍峨的万里长城蜿蜒雄姿，而且山后有山（兴隆群山为靠背山）；中部中道山将遵化分割成南川、北川肥沃平原。南有铁厂的甲山、无终山；娘娘庄的九龙凤凰山、华山；党峪的卧龙山、桃花山以及红色鲁家峪等石灰岩群山将遵化围成藏风聚气的聚宝盆。水为财，境内五湖：龙门湖、上关湖、莲花湖（大河局水库）、般若湖、金凤湖（邱庄水库）。不仅滋润遵化万物生长，而且景色优美。境内沙河（起源于般若湖）、黎河（起源于迁西潘家口水库、大黑汀水库）两条玉带穿城自东北向西南蜿蜒并行，顾盼有情，交汇于天津蓟州于桥水库，形成“双水绕三山，五湖映两川”的风水格局。整体看，遵化版图的东北角和西北角上翘，形如一个向西南倾斜的金元宝。更加令人称奇的是，中道山的珠山好似一方宝玺，不偏不倚矗立于古城正南；笔架山形如笔架，其山脉向西绵延至石门镇与清东陵景区衔接，是遵化著名的旅游景区；龙山，因辽国最后一位皇帝天祚帝耶律延禧建龙山寺而闻名，龙山寺终结于“文化大革命”期间。与笔架山相对，龙山山势从西向东连绵不绝，有的陡坡峭壁悬崖如斧砍刀削，尤其是冬季，龙山日照时间短，山上常年积雪，故称为“龙山积雪”，列入“遵化十大景”之一。珠山不仅形似宝玺，而且形似宝珠，将中道山脉东西居中分开，西有龙首笔架山，东有龙首龙山，形成“二龙戏珠”之绝佳风水奇观。

世界遗产

遵化境内有世界文化遗产两处：清东陵和古长城。清东陵是我国现存规模最大、体系最完整的皇家陵寝建筑群，共建有15座帝后陵寝，560多座单体建筑。清东陵埋葬着清朝帝、后、妃、公主、阿哥161人，文治武功的康熙大帝、康乾盛世的乾隆皇帝以及两度垂帘听政的慈禧太后均入葬于此，它见证了清王朝近300年的兴衰荣辱、世事变迁，是一部用砖石瓦木写就的清代史。清东陵具有重要的历史价值、艺术价值，不论是其形势交融、天人合一的古代建筑

印象·遵化之世界文化遗产清东陵

印象·遵化之世界文化遗产古长城

环境学理论，还是美轮美奂、精湛绝伦的裕陵地宫，或是富丽堂皇的慈禧三大殿，其精美的艺术、深厚的文化底蕴都吸引着游客驻足体味。香港宣威集团投资近3亿元的国家4A级景区万佛园是一座佛学与现代园林艺术有机结合的花园式园林，佛家至尊至圣之宝释迦牟尼二弟子阿难尊者的佛舍利、世界罕见的翡翠观音宝像、释迦牟尼善事八塔、耗金近2600两的近万尊贴金佛像、耗费650两黄金和4000两白银铸就的国内最大的三世金佛以及每尊高6米、重5吨多的四大天王铜像等，无不展现着中国佛教文化的博大精深。古长城在遵化境内绵延69公里，途经小厂、侯家寨、兴旺寨、汤泉、马兰峪、东陵等6个乡镇。现查有敌楼246座，其中保存较好的16座，残缺的19座，仅存残址的211座。古长城原为燕国所筑，经历代修葺，现存多为明代长城。长城由迁西县二道城子村西进入遵化洪山口地界，向西过洪山口约1.5公里转向南，过高家峪转西南，经活口、双窑、秋科峪，至罗文峪。长城从罗文峪继续向西南，过沙坡峪、大安口、上关、马兰关，由新立村西出遵化境入天津蓟州。康熙二年（1663）为修建顺治帝孝陵，将蜿蜒在清东陵后龙昌瑞山上的长城拆除，使万里长城从此处断开。

全域旅游

2007年12月5日，遵化市被国家旅游局命名为“中国优秀旅游城市”。遵化是2007年创优活动中河北省唯一入选的城市。境内22处景区景点中，有唐山唯一的国家5A级景区清东陵，以及万佛园、禅林寺、鹫峰山、汤泉、沙石峪、鲁家峪等特色景区景点，境内皇家文化、长城文化、红色文化、民俗文化、佛家文化源远流长、驰名中外。中国优秀旅游城市标志建筑矗立于遵化南端的112线、南三环西路、华明南路交叉口北端。为保卫碧水蓝天，继续打造遵化

印象·遵化之旅游城市标志

生态环境，2017年5月，遵化构建了“一城、两轴、三带、四区”的全域空间布局和“多点支撑”的全域旅游形态。到2019年，遵化将实现“城市会客厅”一城集成服务，“东西京哈北线旅游发展轴、南北承唐高速旅游发展轴”两轴均衡发展，“北部山水长城休闲带、中部滨水休闲景观带和南部乡村田园体验带”三带整合提升，“皇家文化游、长城山水游、田园乡愁游、红色记忆游”四大功能区打造精品，“十大精品景区”“十大旅游特色街区”“十个特色小镇”等多个支撑突破发展。围绕全域旅游的目标，遵化开展铁选矿综合治理，651座不合格铁选矿被依法拆除；启动城西生态带状公园建设，高标准打造承唐高速遵化东、遵化南及侯家寨等出口的绿化景观提升工程；加强植树造林，3年多来新增造林绿化15.2万亩；强化清东陵景区及周边环境整治，80平方公里区域面貌焕然一新……遵化市仅用3个多月时间，以壮士断腕的气魄整治206处沙坑、404个混料加工企业，恢复耕地6000余亩，20多年久治未绝的环境顽疾彻底根治；拆除网箱1.2万个，水环境质量明显改善，白鹭、大雁、红嘴鸥、大鸨鸟等国家级野生保护鸟类来遵化安家落户。遵化市根据景区分布，全面摸清基础设施现状，不断加大建设力度，相继启动实施了上关湖环湖路、长城旅游路等28个重点项目。在加快推进游客服务中心项目建设的同时，还实施水平口湿地公园、长城旅游景观大道、清东陵旅游专线、金凤湖环湖路等工程，构建“快旅慢游”的交通路网。

古城新貌

遵化作为“千年古县”，有纪年历史长达2200多年，自新中国成立后，发生了翻天覆地的变化。20世纪50年代，闻名全国的遵化建明镇西铺“穷棒子”合作社被毛泽东誉为“整个国家的形象”，王国藩曾先后十次受到毛主席接见；60年代，沙石峪“万里千担一亩田，青石板上创高产”，被周恩来总理赞为“当代愚公”和“中国北方农业的一面旗帜”。1992年遵化撤县建市，成为唐山市第一个县级市。2005年被省政府确定为首批扩权的22个县(市)之一。

遵化人接过前辈们的光荣旗帜，发扬遵化勇于拼搏、艰苦奋斗的精神，近年来强力实施“旅游突破”战略，先后投资2亿多元启动了清东陵环陵公路等外通路和景区的步游路，全长119.3公里的长城旅游公路全线贯通，使长城沿线10处景点线状贯穿，以此为纽带，串点成线，联线成面，形成了绵延百里的黄金旅游线，大旅游格局初步显现。面对旅游市场激烈的竞争，遵化市不断完善旅游服务设施，目前已拥有国际饭店、御苑山庄等星级宾馆11家，旅行社6家，旅游定点购物场所10家，酒吧、歌厅、保龄球馆、游泳馆等娱乐场所50多家。完美的旅游基础设施，能够极大地方便和满足广大游客的需要。推出了清东陵古文化游、民俗风情游、温泉度假游等10多条个性化的特色旅游线路，还开发出红木雕刻、金银饰品等九大系列近千种旅游产品；不断加大旅游软环境的治理力度，严厉打击骗客、宰客等不法行为，使旅游市场秩序得到明显改善。

如今，遵化是中国工业百强县（市），农业产业化全省领先，有国家级龙头企业3家、省级龙头企业9家，是全国板栗之乡、香菇之乡、食用菌主产基地县、中国食品工业强市、省优质核桃之乡。在第14届中国（深圳）文博会主题活动——文化成就旅游品牌论坛及优质文旅项目推介会上，遵化市因“丰富的旅游资源”和“很好的生态环境”，获“2018中国最美县域”之称。

印象·遵化之古城新貌

古树名木

2017年至2018年10月，遵化市林业局根据《河北省古树名木资源普查工作方案和操作细则的通知》（冀绿办字〔2016〕14号）进行了第二次古树名木调查工作。这次调查的古树名木是指树龄在100年以上的树木。调查的范围涉及全市25个乡镇以及清东陵文物管理处。调查中对古树坐标、树高、胸围、冠径、生长势、地形、地势、古树历史、管护单位以及古树的保护情况进行了详细记录。据调查，遵化境内共有古树名木3545株，其中单株古树132株（包括一级古树29株，二级古树22株，三级古树70株，名木11株），古树群52个，群内古树3413株。

调查古树，这是一项普通的工作，但也是一项不平凡的工作，由市人大和林业局倡导成立的由遵化社会各界人士300多人组成的保护古树微信群，不断为我们提供古树信息，不断挖掘古树历史文化，这让我们非常感动。古树名木是历史的见证。许多古树名木经历过朝代的更替、人民的悲欢、世事的沧桑。古树名木又是名胜古迹，是学校、村庄的佳景。如清东陵百年松柏古树群、禅林寺千年古银杏、鹫峰山栖云寺千年古柏、团瓢庄乡洪水川小学的千年古槐以及小厂乡尤山口村发现的千年古栗。

古树见证了遵化悠久历史，正所谓：

遵化古树名木，历经百载千年，汲天地之灵气，摄日月之灵光；历经无数劫难，阅尽人间沧桑；与人文历史水乳交融，展世事兴衰人间悲欢。有珍稀名贵树种，有参天高耸入云；有身姿飘逸俊美，有伟岸粗犷铁骨；有空空树洞藏人，有干腐老态龙钟。每一棵古树都有一段传说、一段历史、一个不寻常的故事。古树文化引人无限遐想，给人启迪和享受。

在生物、矿产、水源、空气等四大资源中，古树名木是一种不可再生的自然生物资源，是储存丰富历史文化的信息资源，是珍贵的生物物种资源，是古人留给今人的财富。古树名木，记录了遵化人文明、勤劳的生存轨迹。然而，由于时代等客观原因，我们曾经为了生存和经济增长，对于包括古树在内的很多自然资源进行了惊人的索取和破坏，现在看来，非常令人痛心和惋惜。亡羊补牢，迟而未晚，保护古树名木是一种文明，也是我们每个人义不容辞的责任！

《遵化市古树名木志》编辑委员会

2019年5月13日

印象·遵化之古树名木

第一篇

5A级景区清东陵古树名木

清东陵是清朝皇家的著名陵寝地之一，位于河北省遵化市，西距北京市区125公里，是中国现存规模最宏大、体系最完整、布局最得体的帝王陵墓建筑群，国家5A级旅游景区，世界文化遗产。

公元1661年，顺治皇帝确定了清东陵的所在地并开始营建，此后经营了200多年，最晚的建筑距今也有近百年的历史。占地80平方公里的15座陵寝中，共建有皇帝陵5座、皇后陵4座、妃园寝5座、公主陵1座。先后埋葬清朝帝、后、妃、嫔、公主、阿哥等161人。清东陵地处所谓风水宝地，尤其是清朝的陵园建设在选择园地、山川形势、工程质量、陵寝设计与地形地势的结合上，都达到了较为完美的程度。清东陵的地理位置、陵寝规模远胜于清西陵。

清东陵的风水

清朝自1644年铁骑入关，至1911年辛亥革命结束，共统治中国268年。进关之后，清统治者为了保证朝代的延续绵长，多处寻找所谓风水宝地。中国帝王陵寝都讲究风水，历代风水术认为好的风水宝地应是：植被生长茂盛；山清水秀；坐北向南的地势，北为靠，有连绵高山为屏障，南有远山近丘遥相呼应，东西两侧有低岭环护，内有宽阔平原，并有河流蜿蜒其中，所谓“四神地”。传说顺治皇帝至遵化县马兰峪昌瑞山狩猎，说：“此山王气葱郁，可为朕的寿宫。”他取下大拇指上戴的扳指儿向空中抛去，对随从侍臣说：“扳指落处，必是佳穴，可以作为朕的寿宫。”顺治皇帝死后，就葬在他掷扳儿指选定的地方，是为清孝陵。总结历代的风水学家对清东陵风水描述是：北有昌瑞山做靠如锦屏翠帐，南有金星山做朝如持笏朝揖，中间有影壁山做书案可凭可依，东有鹰飞倒仰山如青龙盘卧，西有耸入云霄黄花山似白虎雄踞；东西两条大河（马兰河、西大河）环绕似两条玉带，顾盼生情；前有龙门口象山、烟墩山两山对峙，形如阙门，扼守隘口，整个陵区之水交汇于此，直泻淋河。群山环抱的堂局辽阔坦荡，雍容不迫，景物天成。据说，清东陵地区每年都有72场浇粮雨，这里从没有发生过大的自然灾害，旱、涝之年都能丰收。

抛开迷信色彩不说，好的风水其实就是好的环境。为了确保陵寝风水宝地不受破坏，清政府将清东陵以北的2500平方公里区域划为“后龙”禁区，严禁一切砍伐和农耕活动，并大量栽植松柏树。长达254年的封闭，也让该区域的生态环境得到了有效的保护。

昌瑞山
孝陵
孝东陵
景陵
景妃园寝
太妃园寝
惠陵
惠妃园寝
定陵
定妃园寝
定东陵
裕妃园寝
裕陵
龙凤门
影壁山
主神路
碑亭
具服殿
昭西陵
大红门
石牌坊
风水墙

清东陵景区全景

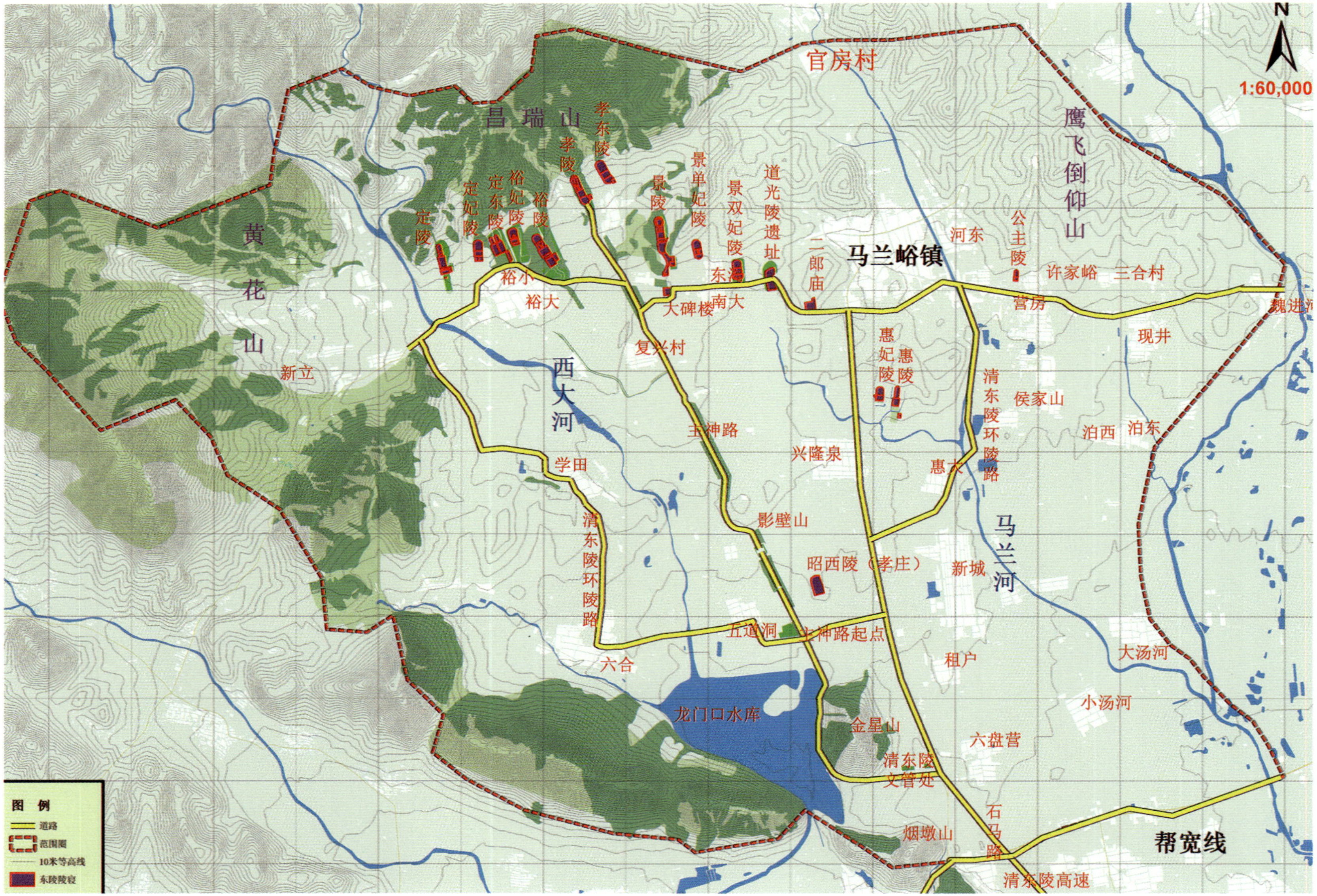
N
1:60,000
官房村
昌瑞山
孝东陵
孝陵
景陵
景单妃陵
景双妃陵
道光陵遗址
二郎庙
马兰峪镇
河东
公主陵
鹰飞倒仰山
定陵
定妃陵
定东陵
裕妃陵
裕陵
黄花山
裕小
裕大
南大
大碑楼
许家峪
三合村
营房
现井
复兴村
新立
西大河
惠妃陵
惠陵
清东陵环陵路
侯家山
泊西
泊东
兴隆泉
学田
惠大
马兰河
影壁山
昭西陵（孝庄）
新城
清东陵环陵路
五道洞
六合
租户
大汤河
小汤河
龙门口水库
金星山
六盘营
清东陵文管处
石马路
烟墩山
帮宽线
清东陵高速
图 例
道路
范围圈
10米等高线
东陵陵寝

清东陵陵寝分布示意图

清东陵惨遭劫难

清朝末亡的时候，清东陵是何等的森严、神圣之地。到光绪中期，驻扎在东陵的八旗总兵力达1100多人。清东陵的规模比北京紫禁城的规模还要大。自1911年辛亥革命之后，昔日的神圣禁地再难维持那份尊严。由于北洋政府拖欠资金和溥仪小朝廷的挥霍，东陵守陵人员俸银开始减半发放，勉强维持到1914年，守陵人员薪饷无着，为维持其生计，溥仪同意开垦陵区土地。此后，破坏土地和林木行为逐渐升级。1921年，直隶省成立所谓的东荒垦植局，东陵区域内的土地和树木开始遭到大规模毁坏。短短10余年，当年群松苍翠的万顷青山被盗伐一空，到1928年已经变成濯濯荒山。1928年7月，臭名昭著的军阀孙殿英借军事演习之名盗挖清东陵陵墓，清东陵至此遭到空前浩劫。

清东陵焕发新生

清东陵的保护工作始自20世纪50年代。新中国成立初期，清东陵并没有专门的管理机构，而是由当地林管所代管。1952年7月景陵大碑楼遭雷击起火被毁，1953年成立清东陵文物保管所。幸运的是，虽然历经盗墓、“文化大革命”和唐山大地震等人为和自然灾害，但清东陵的建筑保存尚属完整。清东陵于1961年被列入第一批全国重点文物保护单位，2000年11月被列入《世界遗产名录》，2001年1月被国家旅游局评为全国首批4A级旅游景区。2015年10月被国家旅游局评为国家5A级旅游景区。

清东陵鹰飞倒仰山

在清东陵的风水格局中，昌瑞山、金星山、影壁山、象山、烟墩山皆可查可询，唯独鹰飞倒仰山，文献记载甚少；何以叫作鹰飞倒仰山，其来历及所指地形，亦不甚明白。为解开这个疑问，笔者在ArcGis10.2软件中加载了搜狗地图、等高线、村界等图层，通过勾画山脉形状，意外发现栩栩如生的鹰飞倒仰之形，真是神奇之至。雄鹰的翅膀为东陵昌瑞山至马兰峪上关水库，左腿为马兰峪二郎庙、侯家山，右腿为马兰峪镇的南吉峪、三合村的片麻岩群山，

景陵景区

北为鹰头，是遵化马兰峪镇马兰关村与兴隆县西区村交界处的片麻岩山脉。考证结果让人由衷感叹古代堪舆家的厉害！

清东陵的古树名木

清东陵景区内现有古树名木3366株（群内古树3357株、名木9株）。名木9株（包括云团松1株、白皮松4株、水杉4株），大多为油松、侧柏，树龄为100～318年。油松共2729株，侧柏共597株，其余为榆树、国槐等树种。截至2018年，遵化市共统计古树名木3545株，其中清东陵景区内古树3366株，占94.95%；遵化市其他区域共有古树名木132株，占3.72%，其他古树群古树47株，占1.33%。

一、清东陵名木

1. 东陵林场“活化石”水杉

水杉（Metasequoia glyptostroboides Hu et Cheng）。裸子植物门，杉科，水杉属，落叶乔木，是我国特有植物，被列入世界自然保护联盟（IUCN）2013年《濒危物种红色名录·濒危（EN）》ver3.1。在数亿年前远古的中生代白垩纪的地球上，生长着大量的这种裸子类植物，经过冰河期的摧残，这种植物在地球上基本灭绝了。1941年，我国植物学者在四川、湖北、湖南三省交界（现重庆万州）一个叫磨刀溪的地方发现了这种孑遗植物，立即轰动了整个世界，这种被誉为活化石的植物就是水杉。中国有3万多种植物，列为一级保护植物的只有水杉、银杏等8种，可见其珍稀程度。

水杉的生长特性：喜气候温暖湿润、夏季凉爽、冬季有雪而不严寒；喜土壤深厚肥沃，以pH值在4.5～5.5之间的酸性山地黄壤、紫色土或冲积土为宜，稍耐微碱性；喜光性树种，根系发达，树干基部通常膨大和有纵棱；生长的快慢常受土壤水分的支配，在长期积水或排水不良的土壤中生长缓慢。

水杉的种实性状：雌雄同株，单性。雄球花排成总状或圆锥状花序，球果（雌花）下垂单生于上一年枝顶，近四棱状球形或矩圆状球形，成熟前绿色，熟时深褐色，长1.8～2.5厘米，径1.6～2.5厘米。花期2月下旬，球果11月成熟。

水杉号称“活化石”，树姿优美，是优良的秋叶观赏树种。在园林中最适于列植，也可丛植、片植。可用于堤岸、湖滨、池畔、庭院等绿化；可盆栽，也可成片栽植营造风景林，并适配常绿地被植物；还可栽于建筑物前或用作行道树。对二氧化硫有一定的抵抗能力，是工矿区绿化的优良树种。冬天的水杉叶色橙红，远看仿佛红霞漫天，气势尤壮，在萧索乏味的冬季里是一抹难得的亮色。

“闲花满岩谷，瀑水映杉松。”这是唐代诗人王维在《韦侍郎山居》诗歌中描写的水杉的优美树姿。水杉高大笔直挺拔，具有朴实、坚强、刚柔并济、昂扬向上的品质与风格。它像战士，像哨兵，守护着环境，净化着空气，春夏给大地一片绿色，秋冬又以红色的灿烂，呼唤着新生命的轮回。

遵化东陵林场发现一级保护植物——水杉。

1952年，河北省在华北荒山造林局（东陵林管局）的基础上建立东陵林场，经营面积2364公顷；成立了油松良种繁育队，主要负责华北地区油松的繁育工作，并在东陵乡西岫村的山上建立油松种子园，在龙门口水库西南的山上建立油松子代林。

水杉自从被发现后，经过繁殖育苗，已在江南普遍栽培，成为绿化观赏树种，但在河北省的栽培历史却是空白。曾经有很多树木爱好者引种水杉都没有成功。20世纪70年代，河北省林科院专家翁殿伊来遵化东陵林场做林业科研项目时，从四川引种了数株水杉栽植于林场院内，主要想试验一下水杉在北方能不能成活。翁殿伊像对待小孩一样精心培育水杉，终于将本产于南方的珍稀树种一步一步在北方，在清东陵驯化成功。目前，清东陵共有4株水杉，栽植于一条直线上，原本都生长在东陵林场院内，后来在林场的东院成立了冀遵葡萄酒有限公司（昌瑞山酒庄），有3株水杉被院墙分隔到了酒庄院内，这4株水杉应该是河北省或者是华北地区最早、栽培树龄最长的水杉了。

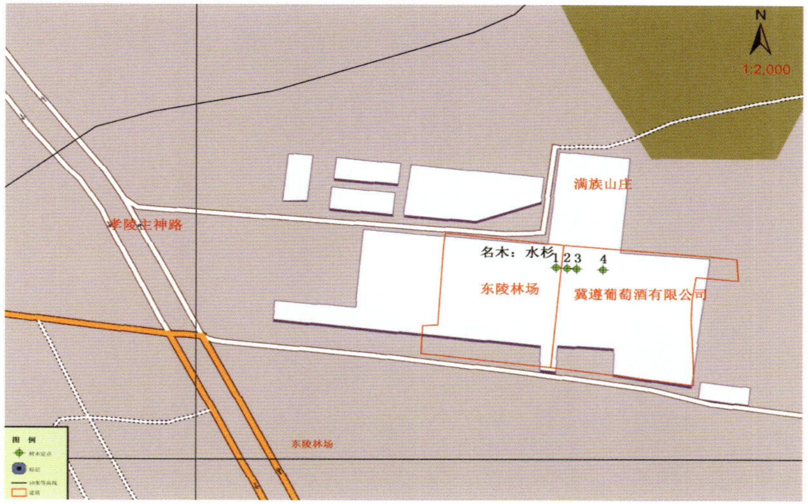

水杉分布图

中 文 名：水杉（别名：活化石、梳子杉）
古树编号：13028100090～13028100092
拉丁文名：Metasequoia glyptostroboides Hu et Cheng
科　　属：杉科　水杉属
保护等级：一级保护、名木

位于东陵林场东院——冀遵葡萄酒有限公司院内，自西向东依次为1302810090（2号）、1302810091（3号）、1302810092（4号）。2号水杉树高19米，胸围2.34米，冠径7米；3号水杉树高23米，胸围2.56米，冠径7米；4号水杉树高19米，胸围2.49米，冠径7米。树龄均为50年。

作为林业工作者，我们非常感谢东陵林场和冀遵葡萄酒有限公司的吴术宝经理，是他们保留住了这4株珍贵的水杉。据吴术宝经理介绍，在2007年曾经有北京的游客想购买这里的水杉树，开价20万元／株，但是被吴经理拒绝了。目前，这4株名贵的水杉树每株估值在百万元以上。

位于东陵林场东院内的水杉1号、2号、3号

位于东陵林场东院内的水杉4号

位于东陵林场东院内的水杉1号

水杉1号胸围2米

中 文 名：水杉（别名：活化石、梳子杉）
古树编号：13028100089
拉丁文名：Metasequoia glyptostroboides Hu et Cheng
科 属：杉科 水杉属
保护等级：一级保护 名木

东陵林场院内东北角的1号水杉树高21米，胸围2米，冠径7米；树形优美，树势生长健壮。树龄50年。

2. 扫帚油松（云团松）

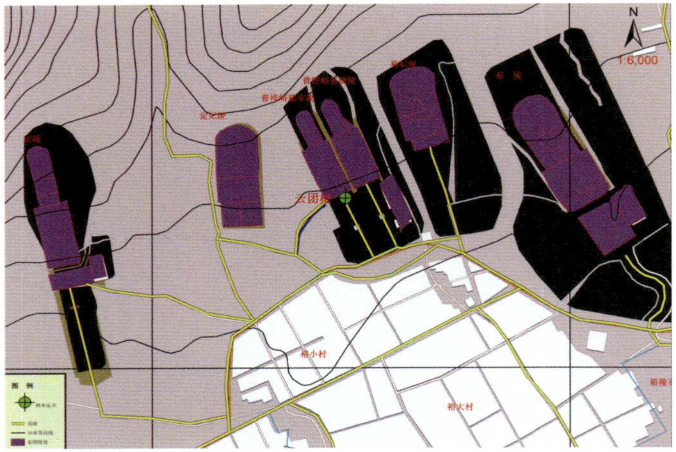

扫帚油松分布图

古树编号：13028100088

拉丁文名：*Pinus tabulaeformis* Carr. var. *umbraculifera* Liou et Wang.

科　　属：松科　松属

保护等级：一级保护、名木

油松三大变种之一，常绿小乔木，株高10米，胸围1.7米，冠径8米。大枝向上斜伸，形成扫帚形树冠。新生小枝直立，颜色比老枝叶淡。树龄60年。20世纪80年代中后期，澳大利亚把一棵云团松作为国礼送给中国，于是这棵产自南半球澳洲大陆的松树就漂洋过海乘飞机来到了中国，被栽植在清东陵的慈安、慈禧陵。这株来自远方的客人很快适应了清东陵这块风水宝地，历经几十年的风雨，现在已经长成了一棵美丽挺拔的大树，像个健硕的美男子屹立在清东陵之畔。有人作诗云：“兴衰荣辱化蒿草，恩怨情仇入土丘。唯有江河犹汩汩，淘沙逐浪总东流。”

慈安、慈禧陵内的扫帚油松

3. 东陵白皮松

乔木，有明显的主干，阔圆锥形、卵形或圆头形树冠；球果圆锥状卵形，长5～7厘米，径约5厘米，通常单生，成熟前淡绿色，熟时淡黄褐色，种子大，卵形褐色。花期4～5月，次年10～11月球果成熟。白皮松是中国特有树种，是东亚唯一的三针松。主要分布于中国山西、河南西部、陕西秦岭、甘肃南部及天水麦积山、四川北部江油观雾山及湖北西部等地，苏州、杭州、衡阳等地也有栽培。多生于海拔500～1800米地带。喜光树种，耐瘠薄土壤及较干冷的气候；在气候温凉、土层深厚肥润的钙质土和黄土上生长良好。该种心材黄褐色，边材黄白色或黄褐色，质脆弱，纹理直，有光泽，花纹美丽，比重0.46。可供房屋建筑、家具、文具等用材；秋果可入药，种子可食。

白皮松的特别之处在于：针叶是三针一束，而油松是两针一束；白皮松生长多年后，树皮变成粉白色的鳞片，一片片剥落，斑斓可爱，十分别致。树姿优美，树干呈斑驳的乳白色，极为醒目，衬以翠绿的树冠，可谓独具奇观。宜孤植也可团植成林，或列植成行，或对植堂前，是风景林和庭院绿化的珍贵树种。

明代诗人张著的《白松》诗云：

叶坠银钗细，花飞香粉干。
寺门烟雨里，浑作玉龙看。

东陵景区

这首诗把白皮松的姿态描写得惟妙惟肖。清代乾隆皇帝御封白皮松为“白袍小将”，只许在帝王陵寝及寺院、名园内栽植。

东陵景区共有4株白皮松，其中孝陵陵园内有3株，慈禧陵前有1株。树龄估测为60年。

孝陵陵园内的白皮松1号、2号

孝陵陵园内的白皮松3号

慈禧陵前的白皮松4号

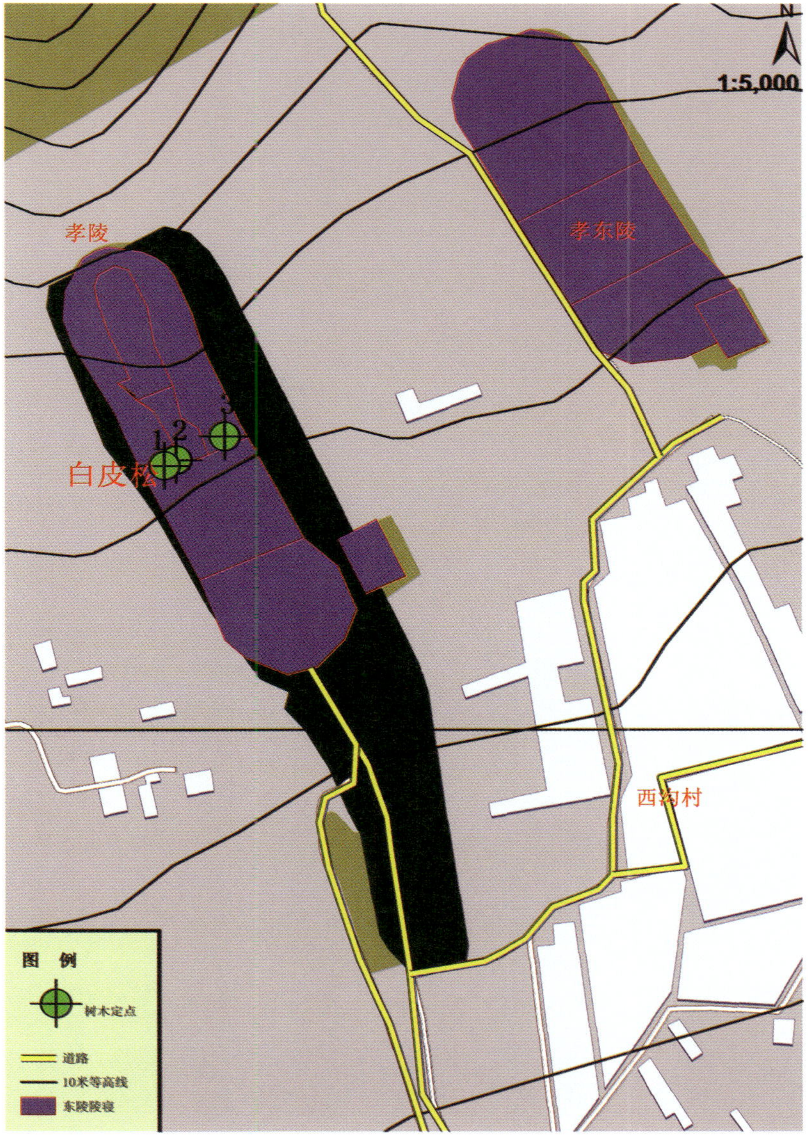

白皮松1号、2号、3号分布图

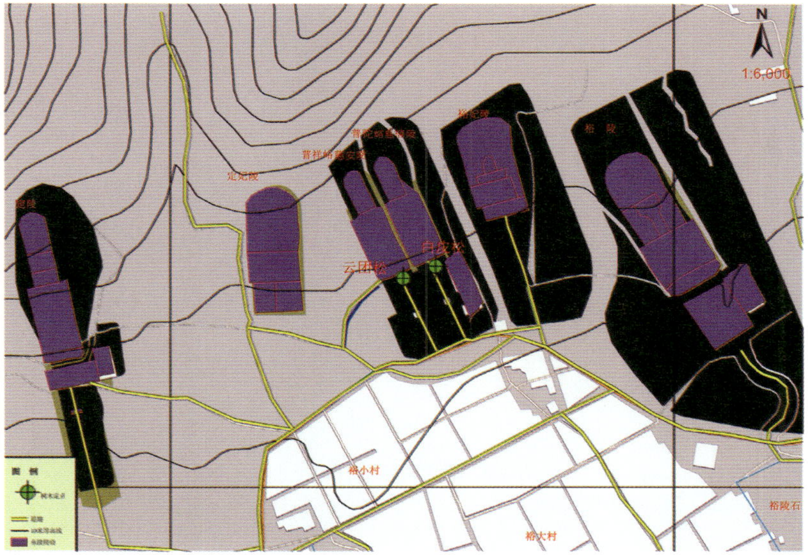

白皮松4号分布图

中 文 名：白皮松（别名：三针松、白骨松、白果松、虎皮松）
古树编号：13028100093～13028100096
拉丁文名：Pinus bungeana Zucc.
科　　属：松科　松属
保护等级：一级保护　名木

位于孝陵陵园内3株白皮松，自西向东依次为13028100094（2号）、13028100093（1号）、13028100095（3号）。1号白皮松树高11米，胸围1.6米，冠径12米；2号白皮松树在1号的西侧，树高11米，胸围1.5米，冠径12米；3号白皮松位于东南方向，树高11米，胸围2.3米，冠径14米。1～3号海拔151米。4号白皮松位于慈禧陵前，神厨库西北，树高13米，胸围1.3米，冠径7米，海拔126米。树龄均估测为60年。

二、清东陵古树

1. 二郎庙龙松

道光六年（1826），清宣宗旻宁选中了二郎庙西面的宝华峪为万年吉地，兴建陵寝。道光七年（1827）建成后，在陵寝四周广植松树以资荫。相传此树为那时所栽，至今傲然挺立于二郎庙内。远望这株古松，树冠犹如一条矫健的行龙昂首翘尾，躯体弯曲，故称龙松。

在东陵一带流传着许多关于这株古松的传说：

（1）真龙现身。相传同治七年（1868）清明节，这是大祭的日子，在双妃陵当差的内务府官员前一天把金银器皿从礼部大库支出来，存放在东朝房，以备第二天大祭用。傍晚，忽然来了几十名蒙面人，闯进东朝房，抢了金银器就跑，护陵官兵紧紧追赶，这些蒙面人不敢顺道走，直奔二郎庙后。他们快爬上山岗时，忽见一条巨龙张牙舞爪，尾巴乱摇，在山岗上拦着。蒙面人当时就吓瘫在地，不能动弹。官兵赶到，抓住了全部盗贼。此时，那条龙也不见了。天亮后又到这地方一看，只有一株龙松巍然兀立在那里。人们都认为是这株龙松树神显圣，真龙现身，拦住了盗贼。从此，龙松的名字越传越广。

（2）驱除虫害。光绪末年，东陵大闹松毛虫灾害，每棵树上

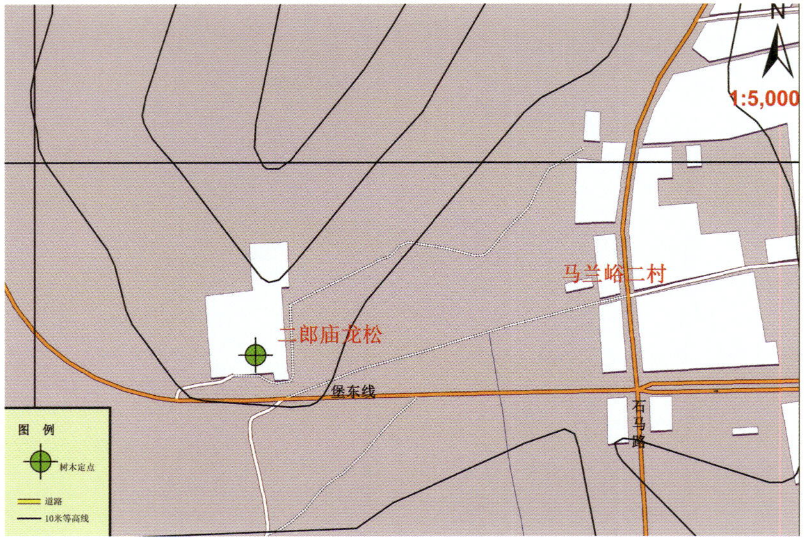

二郎庙龙松分布图

都爬满松毛虫，少说也有几百条，松叶差不多都被吃光了。老远一看松树林变成了土红色，唯独这株龙松上一条松毛虫也没有，枝叶齐全，翠绿欲滴，惹人喜爱。当地百姓都说：这是龙松，虫子怎敢惹龙！

（3）龙松显灵。清朝灭亡后，陵区内的古松逐年被砍伐，只几年工夫，数十万株古松只剩下二郎庙的36棵古松了。一天，驻地的一个排的士兵拿着斧锯准备伐掉最后这36棵古松。他们伐的第一棵树就是这株龙松，刚锯第一锯，就见从锯口流出许多血来，士兵们感到十

二郎庙油松

分惊恐，战战兢兢。要锯第二锯时，忽见远处的营房帐篷浓烟四起，火焰冲天。这些伐树的士兵扔下手里的斧锯，赶忙救火去了，再也没敢回来，这36棵古松才未被砍伐。但在以后的几十年中，由于干旱、松虫害和个人砍伐等原因，如今只剩下这株龙松。为了便于保护，在恢复扩建二郎神庙时，把这株龙松圈进了二郎庙内。

中 文 名：油松（别名：龙松）
古树编号：13028100076
拉丁文名：Pinus tabulaeformis Carr.
科属：松科　松属
保护等级：三级保护　古树

二郎庙内这株油松，树高14米，胸围1.65米，平均冠径10米，海拔114米，生长健壮。远望这株古松，树冠犹如一条矫健的行龙，昂首翘尾，躯体弯曲，估测树龄180年。

2. 三皇庙古柏

三皇庙古塔和古柏远近闻名。

马兰峪镇为丘陵地形，始建于我国明代初期，山上有繁茂丛生的鸢尾科草本植物马兰（又名马莲、马蔺），五六月份绽放蓝色小花。其花典雅端庄，可赏；其条形叶片晒干后本地百姓捆绑粽子，可用。因此得名马兰峪并沿用至今。明初，为把守马兰关（马兰峪北，长城隘口），在此屯兵为营，建石头城。城内主街道一条，长约1.5公里。清康熙二年（1663）建东陵后，清东陵承办事务衙门和守陵的兵部、礼部、工部衙门均设于此地。乾隆年间（1736~1795）成为重要集镇。道光年间（1821~1850），此地建东陵最高学府——兰阳书院。故此后马兰峪镇又称兰阳镇，成为当地军事、政治、经济、文化的中心。

明万历十年（1582），蓟镇总兵戚继光在马兰峪南山上兴建永旺塔；西南有明朝建设的二郎庙，清康熙时期重修，新中国成立初期被毁，1993年清东陵文管处复建。

永旺塔位于三皇庙的东侧，坐落于马兰峪南堂子山上，是河北省重点文物保护单位。塔高17米，底径3米，整体为八角八层密檐实心结构。塔身八面均有假窗，南北两面有砖券假门，门内雕有佛像。北面门上嵌砌石质匾记，刻有“永旺塔”三字，上款刻写“钦差总理练兵事务兼镇守蓟州永平、山海等地方总兵官，少保兼太子太保，中军都督府左都督，定远戚继光”，下款为“岁万历十年仲秋吉日立”。

传说：那时马兰峪南堂子山附近常有水患，大水动不动就淹没农田，冲毁百姓房屋。戚继光听说后，亲自到马兰峪巡视，下决心治水。他围着马兰峪一带山峦谷地转了几天，也没拿出主意来。这一天，戚继光又爬了一天山路，晚上还在琢磨治水的办法，不知不觉就伏在案上睡着了。朦胧之中，见一位鹤发童颜的白胡子老人对他拱手说：“大帅要为百姓治水，实在可钦可佩。”戚继光忙起身还礼：“本官虽有此意，但至今不得要领。老丈此来，必知其中端的，可否赐教？”白胡子老人捻须吟道：“马兰峪，像条船，有桨无樯打转转。东一摆，西一闪，黎民百姓受熬煎。”

戚继光听后茅塞顿开，正要拜谢，老人倏地不见了。戚继光一愣神，醒了——原来是做了一个梦。细想梦中的情景，看来马兰峪的百姓需要一根“桅杆”！

第二天，戚继光重新观看了马兰峪的地势，决定在堂子山上建造“桅杆”——一座宝塔。没过多久，塔就建成了。戚继光把它命名为“永旺塔”，并命工匠在塔身上镌刻了60多幅农业五谷丰登、农户安居乐业的图案。说来也神，据说自从这塔建成以后，马兰峪再没发过洪水，即便是雨水大的年头，河水上涨，也是有惊无险，这里的百姓真正过上了安稳日子。想起一句《林海雪原》里的黑话：“天王盖地虎，宝塔镇河妖。”古时候，人们认为凡是水灾经常泛滥的地方都是蛇妖在作怪，这个说法或许来自《白蛇传》：白蛇为救许仙水漫金山，法海塔压白蛇。所以，人们修塔镇水妖。

清代乡绅方钺赋《登堂子山》诗云：

三皇庙御佛寺

浮图居峰巅，下临疑无地。

陵园佳气多，群山叠紫翠。

我闻戚少保，选胜建兹寺。

雄关借保障，暇日事文字。

地处蓟（县）遵（化）兴（隆）交界形成三角地带的马兰峪镇，过去因三面靠山一面临水，加上紧邻长城要塞征战频繁，一直贫穷至极，民不聊生。新中国成立后的几十年来，人们在山上栽植

永旺塔

三皇庙内的古柏

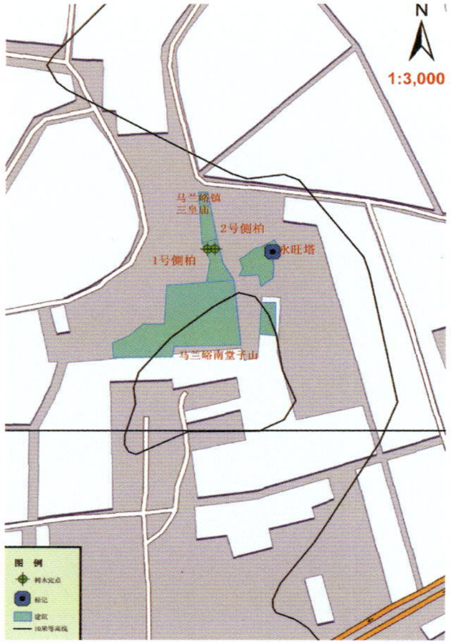

三皇庙内的两株古柏分布图

中 文 名：侧柏（别名：柏树、扁柏）

古树编号：13028100074～13028100075

拉丁文名：Platycladus orientalis (L.) Franco (Biotaorientalis Endl., Thnja orientalis L.)

科　　属：柏科　侧柏属

保护等级：二级保护　古树

古柏位于三皇庙（药王庙）内，并排2株，相传栽植于清康熙三十八年（1699），树干已呈苍老之态，树势衰弱。树龄318年。西侧为1号侧柏，树高13米，胸围2米，平均冠幅6米；东侧为2号侧柏，树高11米，胸围2米，平均冠幅6米。海拔97米。

板栗等大宗果树，兴建了多个乡镇企业，古镇旧貌换新颜。

寺庙多古树，古树文化离不开寺庙文化。

古时庙宇文化非常丰富。“寺”和“庙”这两个字，从其原本的意思看，都是中国的国家机构，最初和佛教、道教都没有关系。“寺”最初是指国家的某个部门，比如鸿胪寺，相当于现代的国家外交部；又比如大理寺，类似于现代国家检察机关和纪检、监察机关的结合体。西汉末年，佛教传入中国，到了汉明帝时期，朝廷为印度高僧敕建僧院，叫“白马寺”，其功能是传播佛法思想、进行著作翻译、组织佛教活动等。于是洛阳白马寺就成了中国第一个佛寺。后来建立的佛寺，都取白马寺的“寺”这个字，表明其佛教身份，“寺”字便逐渐成了中国宗教寺院的一种泛称。后来佛教的活动场所又衍化出“院”“宫”“阁”“堂”“庵”等各种名号来，也算是本土化了。

“庙”本来是天子、贵族祭祀供奉祖先的场所，周封天下的时候，各诸侯国也有宗庙来祭祀先祖，但是规制上有严格要求，天子七庙，诸侯五庙，大夫三庙，士一庙，庶人平民不能有庙。秦汉时期以及以后一些神祇上升到国家典仪祭祀，也是建庙进行的，如五岳五镇四渎庙；后来随着时代的发展，一些先贤上升到神一般的存在，进入国家祭祀典仪的时候也由祠变成庙来祭祀，如关帝庙、岳王庙等。“庙”后来又演化为对祭拜各种地区性神鬼灵的建筑物的称呼，比如城隍庙、龙王庙、土地庙等。随着佛教的传入，后代的佛教寺院也常俗称庙。

古时的庙有多种，如灶离庙、东白衣庵、玉皇庙、关帝庙、太虚庙、三官庙、文昌庙、地藏庙、西白衣庵、娘娘庙、海神庙、财神庙、马神庙、东土地庙、西土地庙、药王庙、慈云阁等。

三、清东陵古树群

1. 定陵-裕陵古树

自西向东为定陵、定妃陵、慈禧和慈安陵、裕妃陵、裕陵等5个大的古树群。

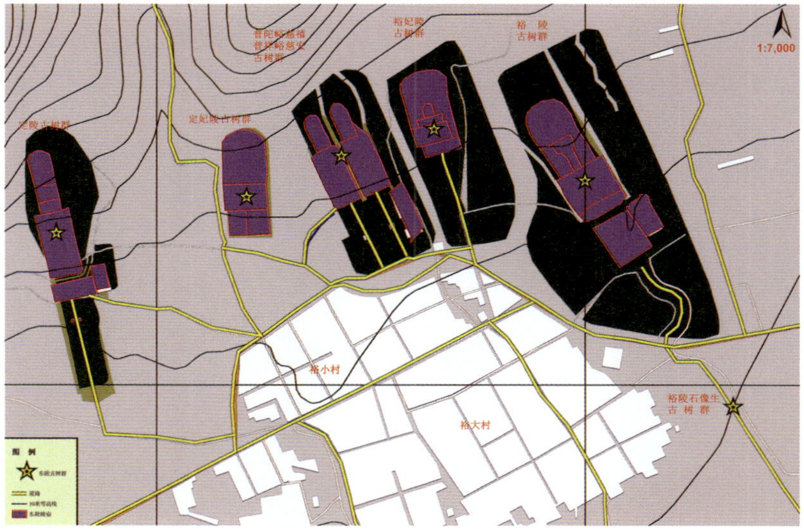

定陵-裕陵古树分布图

定陵及其古树全貌

普陀峪慈禧陵、普祥峪慈安陵及其古树全貌

裕妃陵前百年油松古树群

慈禧陵前200年侧柏古树群

裕陵园寝

裕陵陵园内古树

裕陵石像生及古树

裕陵井旁古树

裕陵宝顶古树

裕妃陵园寝

2. 孝陵-孝东陵古树

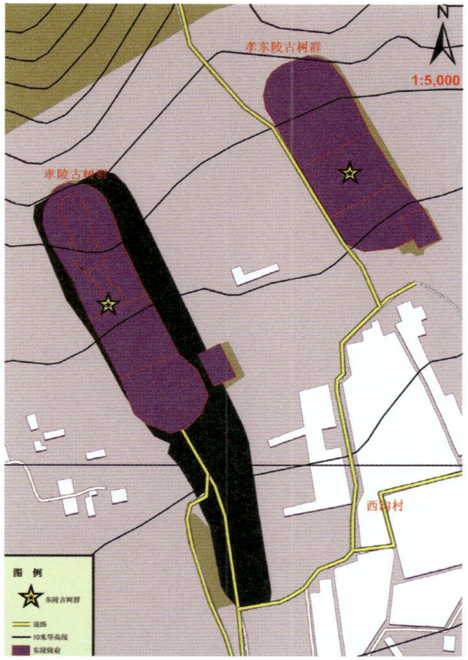

孝陵、孝陵古树群分布图

孝陵神路古树群

孝陵停车场古树群(一)

孝陵停车场古树群(二)

孝陵五孔桥侧柏

孝东陵西侧油松古树群

孝陵陵园内古树群

孝东陵神路两侧古树群

3. 景陵–道光陵古树

自西向东为景陵、堡东线、景皇贵妃陵（景双妃陵）、道光陵遗址古树群。

景陵松柏古树群分布图

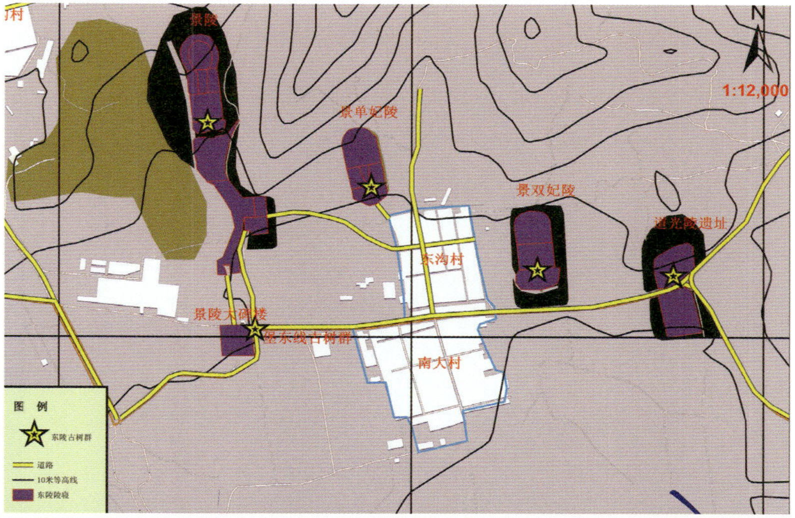

景陵松柏古树群

堡东线古树群

景皇贵妃陵（景双妃陵）松柏古树群

4. 马兰峪境内陵寝古树

许家峪公主陵、河东保圣夫人墓古树群。

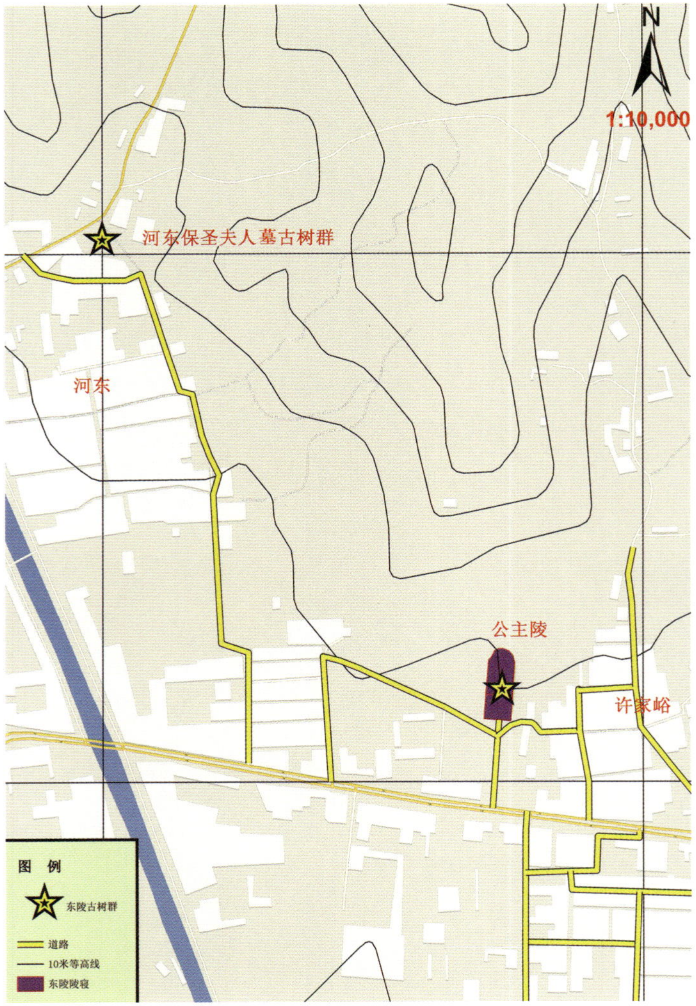

马兰峪境内公主陵、保圣夫人墓古树群分布图

公主陵前古树群（一）

公主陵前古树群（二）

保圣夫人墓（河东奶妈坟）古树群(一)

保圣夫人墓（河东奶妈坟）古树群(二)

5. 清东陵古树群综述

2017年，共统计清东陵12个地块，划分了46个古树群落，统计古树3357株，树种主要为油松（2729株）、侧柏（595株）。具体情况如下：

（1）定陵古树群

共有古树125株，其中油松94株，侧柏31株。平均胸围1.2米，平均树高12米，树龄110年，保护等级三级。其中有陵寝外墙东侧有一株油松胸围2.7米，树高19米，冠径21米，估测树龄260年。定陵中心点奥维经纬度坐标：117.637954，40.186209。海拔142米。

（群号：130281Q0021～130281Q0023）

（2）定妃陵古树群

共有古树153株，全部为油松。平均胸围1.4米，平均树高12米，平均冠径11.5米，平均树龄120年，保护等级三级。定妃陵中心点奥维经纬度坐标：117.642943，40.187472。海拔140米。

（群号：130281Q0024～130281Q0027）

（3）普陀峪慈禧陵、普祥峪慈安陵古树群

共有古树644株，其中油松445株，侧柏185株，洋槐10株，2株榆树，1株国槐，1株臭椿。平均胸围1.4米，平均树高12米，平均冠径9.5米，平均树龄110年，保护等级三级。普陀峪慈禧陵、慈安陵中心点奥维经纬度坐标：117.646161，40.187685。海拔137米。本群名木2株：1株白皮松，1株云团松，均列为单株古树。

（群号：130281Q0013～130281Q0020）

（4）裕陵古树群

共有古树713株，其中油松641株，侧柏61株，刺柏9株，榆树1株，山杏1株。平均胸围1.4米，平均树高12米，平均冠径11米，平均树龄140年。定陵中心点奥维经纬度坐标：117.652524，40.187636。海拔131米。

（群号：130281Q0001～130281Q0009）

（5）裕妃陵古树群

共有古树159株，其中油松139株，侧柏20株。平均胸围1.3米，平均树高12.5米，平均冠径9米，平均树龄130年。裕妃陵中心点奥维经纬度坐标：117.648168，40.188881。海拔140米。

（群号：130281Q0011～130281Q0012）

（6）孝陵古树群

共有古树561株，其中油松399株，侧柏162株。平均胸围1.3米，平均树高12.5米，平均冠径9米，平均树龄130年。孝陵中心点奥维经纬度坐标：117.657845，40.193848。海拔146米。孝陵陵寝内3株白皮松，均列为单株名木。

（群号：130281Q0028～130281Q0035）

（7）孝东陵古树群

共有古树96株，全部为油松。平均树高12米，平均冠围1.3米，平均树龄110年。孝陵中心点奥维经纬度坐标：117.661364，40.196020。海拔150米。

（群号：130281Q0036～130281Q0038）

（8）景陵古树群

共有古树409株，其中油松406株，侧柏3株。平均树高12米，平均胸围1.4米，平均冠径9米，平均树龄130年。景陵中心点奥维经纬度坐标：117.674325，40.187537。海拔109米。

（群号：130281Q0040～130281Q0042）

（9）景皇贵妃陵（景双妃陵）古树群

共有古树58株，其中油松57株，侧柏1株。平均树高13米，平均冠围1.5米，平均冠径13.8米，平均树龄140年。景皇贵妃陵中心点奥维经纬度坐标：117.679946，40.185357。海拔103米。

（群号：130281Q0039）

（10）堡东线两侧古树群

共有古树265株，其中油松137株，侧柏128株。平均树高11米，平均冠围1.4米，平均冠径9米，平均树龄130年。

（群号：130281Q0010、130281Q0043）

（11）许家峪公主陵古树群

共有古树59株，其中油松52株，榆树3株，国槐3株，桑树1株。平均树高12米，平均冠围1.4米，平均冠径6米，平均树龄110年。公主陵奥维经纬度坐标：117.719589，40.184537。海拔91米。

（群号：130281Q0044～130281Q0045）

（12）河东保圣夫人墓古树群

共有古树19株，全部为油松。平均树高12.5米，平均冠围1.25米，平均冠径6米，平均树龄110年。保圣夫人墓奥维经纬度坐标：117.7109635，40.192602。海拔94米。

（群号：130281Q0046）

第二篇

板栗

板栗（Castanea mollissima Bl.）别名：栗。山毛榉科（壳斗科），栗属。落叶乔木。雌雄同株，雄花序为直立或斜伸之柔荑花序，雌花生于雄花序之基部或单独成花序；总苞（壳斗）球形，密被长针刺，熟时开裂，内含1～3颗大形褐色坚果。果实富含淀粉和糖类，是优质干果果品。板栗树木质坚实，耐湿、耐腐性强，是优良的用材。栗花据中医认为性味微温、微苦、涩，有健脾止泄、散结消肿之功，适用于泻痢、便血等。板栗在世界上约12种，分布于北温带；中国产3种。

板栗是一种经济价值很高的材果兼用树种，素有“木本粮食”“铁杆庄稼”之称。栗果营养丰富，淀粉含量高，既可生食、炒食、煮食、磨粉，又可制做香甜味美的糕点糖果等加工食品。枝叶、树皮、刺苞富含单宁，可提取栲胶。花是很好的蜜源。板栗各部分均可入药，果实能健脾益气、消除湿热；果壳治反胃常做收敛剂；树皮煎汤洗丹毒；根可治偏疝气等症。木材致密坚硬，纹理直，结构粗，能耐水湿，是军工、车船、家具制作等良好材料。

遵化“京东板栗”有2000多年的栽培历史，在远古时代，板栗是人类生存的重要食物。我国有文字记载的板栗栽培历史可追溯到西周时期。《诗经》有“东门之栗，有践家室”的诗句；《左传》也有栗的记载。说明当时，板栗树已经被种植入田地或作为行道树。司马迁在《史记》中就有“燕、秦千树栗……此其人皆与千户侯等”的记载，拥有千株栗树的人，其富裕程度可抵千户侯，说明栗树在当时经济生活中的作用。战国时期纵横家苏秦到燕国游说，对燕文侯说：“燕国南有碣石雁门之饶，北有枣栗之利，民虽不佃作，枣栗之实，足食于民矣，此所谓天府者也。”燕山板栗在春秋战国时期已经非常有名了。

宋代文豪苏东坡与佛印和尚交往颇深。据说，有一次，东坡亲自炒好板栗用以招待佛印和尚，那炒过的板栗露出了黄酥酥的栗仁，惹得佛印和尚想一尝为快。苏东坡却提出两人要对对子，赢家才能吃板栗，然后吟出一上联：“栗破凤凰（缝黄）现。”此上联借板栗为题，含有板栗破了缝，黄酥酥的栗仁现出来的意思。佛印和尚不慌不忙，应声续了下联：“藕断鹭鸶（露丝）飞。”意为莲藕断了露出了飞丝，而且下联“鹭鸶”可与上联“凤凰”相匹配。话音一落，两人相视一笑，尽兴地品起板栗，大快朵颐。

清朝乾隆帝尝过燕山糖炒栗子之后，赞不绝口，亲做《食栗》一首：

小熟大者生，大熟小者焦。大小得均熟，所待火候调。

惟盘陈立几，献岁同春椒。何须学高士，围炉芋魁烧。

板栗是遵化的重要支柱产业之一。遵化市林业局的技术干部几十年来不断选育板栗优新品种，倡导、发展板栗产业，目前全市板栗栽培面积36万亩，年产量2.35万吨。主要分布在苏家洼镇、侯家寨乡、建明镇、小厂乡、马兰峪镇、兴旺寨乡等北部十乡镇，主栽品种为紫珀、遵玉、东陵明珠、塔丰、遵化短刺、遵达栗、燕山短枝等遵化市林业局自选品种及河北省昌黎果树研究所选育的早熟品种燕山早丰。苏家洼镇达志沟村、小厂乡高家峪村等6个板栗专业村，仅板栗一项，人均收入就超过7000元。板栗业已成为北部山区农村经济的支柱产业。遵化市先后被国家命名为“中国板栗之乡”“中国绿色生态板栗示范市”“优质板栗生产基地”。

遵化燕山板栗以其果个玲珑、肉质细腻、涩皮易剥、含糖量高、糯性强、香气浓、既可鲜食又可加工等独特品质享誉中外，在1994年全国名特优产品博览会上荣获金奖。1997年以后，京东板栗连年被评为省名优产品，在1999年中国国际农业博览会上被认定为名牌产品，2007年栗源甘栗仁荣获北京奥运推荐果品一等奖，2008年栗源小包装栗仁在北京举办的中国国际林业博览会上荣获金奖，2009年第十届中国（廊坊）农产品交易会栗源牌遵化板栗被评为果王，2010年栗源甘栗仁荣获第十七届中国杨凌农业高新科技成果博览会后稷奖，在2011年义乌举办的中国国际林业博览会上获得优质产品奖。2012年遵化市获中国绿色生态板栗示范市，遵化板栗在2012年中国现代农业商品博览会上获金奖。在2014年第十八届中国（廊坊）农产品交易会上，紫珀板栗荣获金奖；在2015年中国森林食品交易博览会上，遵化栗源甘栗仁获最受喜爱产品奖。

栗娃图标

2018年，商务部拟认定全国255家基地为国家外贸转型升级基地，河北省11地凭借行业优势成功入围，其中遵化板栗基地在列。获得这张“国字号”招牌，不仅对自身基地建设和设施改造大有裨益，还对推动板栗出口、加强产业集群、打造产业品牌有重要作用。

遵化百年以上古栗树非常多，本书重点选取了小厂乡尤山口村、西下营乡东沟村、侯家寨乡房山沟村、汤泉乡福泉宫、兴旺寨乡尚禾源、西三里乡北峪村等有代表性的板栗古树收录入册。

为更好地宣传板栗文化，2018年6月2日，遵化市在兴旺寨乡尚禾源景区成功举办遵化市第三届栗花节。2018年9月，遵化市林业局设计了“遵化栗娃”图标，其含义是：在“三山两川”大地上，各行各业发展如日中天，孩子们欢快地举着香甜的遵化板栗载歌载舞，让遵化板栗文化永远流传。

1. 小厂乡尤山口村板栗（栗宗）

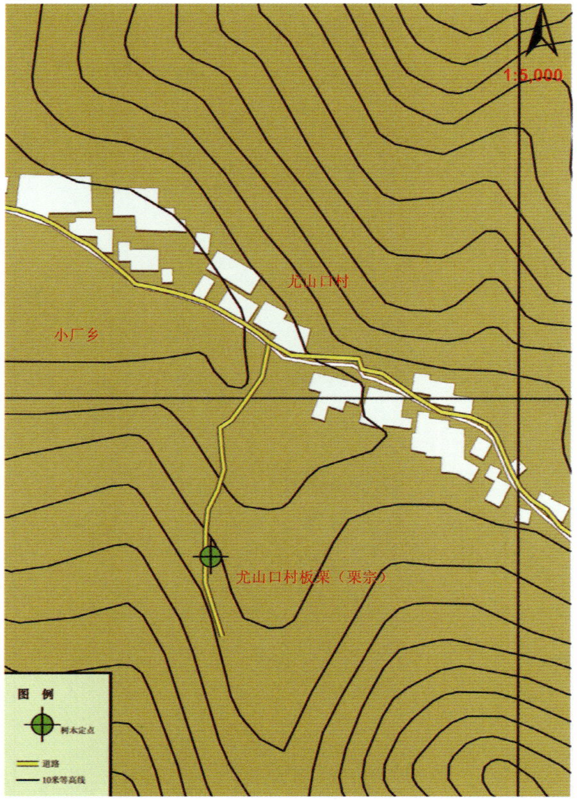

小厂乡尤山口村板栗（栗宗）分布图

小厂乡尤山口村板栗（栗宗）古树(一)

中 文 名：板栗（别名：栗）
古树编号：13028100077
拉丁文名：Castanea mollissima BL.
科　　属：山毛榉科（壳斗科）　栗属
保护等级：一级保护　古树（树龄1100年）

遵化市小厂乡尤山口村地处长城沿线，种植板栗已有2000多年历史。《战国策》中有“燕国……北有枣栗之利”的记载。古栗千年悠悠，据传，明代戚继光镇守长城期间经常到此古树旁吟诗作赋；清朝皇太极率十万重兵由小厂乡洪山口进关，曾在此树下谈古论今。尤山口村原来叫皇喜沟，相传唐太宗李世民东征时，食用村民供奉的老树栗子，一位随军多年未怀孕的爱妃竟然有喜了，唐太宗甚是高兴，赐此地名“皇喜沟”。村民介绍，村里祖上流传，老栗树栽植于唐代，上千年经久不衰，生生不息。村里男女老少视老栗树为全村的保护神、寿星、福星。

2018年4月17日上午，林业局专家团队到尤山口村勘察古栗树。经测量，古栗树胸围5.28米，南北冠径17米，东西冠径16米，树高11米，海拔339米。现场试了下，需要四个成年人手臂紧紧相连才刚好合抱此树。该树历经千年风雨，主树干树心部已经形成很深的树洞，树势已呈衰弱状。专家组现场商定古树维护方案和措施，由古树维护工程队负责具体实施。树的主人名叫曹佐来，据他介绍，每年此板栗树产量仍可达到100市斤左右，栗子个头儿均匀，约60个/斤，栗子炒熟后甘甜香糯，皮肉不粘连，剥开时冒出一股香气。该树现被遵化人称为“栗宗”。

小厂乡尤山口村板栗（栗宗）古树(二)

栗宗古树胸围5.28米

2. 西下营乡东沟村板栗

东沟村位于遵化市西下营乡，是西下营的东大门，这里栽种历史悠久，可追溯到明朝以前。据说清代东陵的守护大臣吃过本村的板栗后，为其甘甜软糯所倾倒，便将其作为贡品快马送到北京皇宫，皇帝吃后龙颜大悦。

古树是历史的见证，它们阅尽了世间风云，经历了沧桑巨变，以其特有的风姿体现了遵化悠久的历史。东沟村万亩栗树的由来还有一段可歌可泣的故事。西下营“四十勇士”当中，最早复员回到故乡的是老连长吴荣阁。1952年的秋天，吴荣阁一回到故乡，就积极响应党的号召，和复员军人吴森、吴凤等13户农民，在祖国的农村社会主义建设事业中，开始了新的战斗。这40名勇士分布在西下营附近的杨庄子、桃园、东关、西关、东沟、西沟等7个自然村中。1955年冬天，全国合作化运动形成了一个新的高潮。“四十勇士”也被这股暖流聚到一起。他们带领着乡亲们寻找致富之路，后来决定因地制宜，垦荒拓田，增加栽植，把前人的栗园拓展到2万多棵，于是就有了今天呈现在我们眼前的东沟村万亩栗园。

来东沟当然要去杨正起百年板栗示范基地，该园因早年东沟人杨正起带领大家开荒植树造林而得名，这里有很多百年以上的古树。园内空气清新，候鸟云集，来到园中就像置身于古树王国、天然氧吧。

西下营乡东沟村板栗1号（吴学博）

中 文 名：板栗（别名：栗）
古树群编号：130281Q0048
古树编号：13028100038（1号）、13028100039（2号）
拉丁文名：Castanea mollissima BL.
科　　属：壳斗科　栗属
保护等级：二级保护　古树

该古树群保存百年以上板栗树18株。

1号（吴学博）板栗树位于东沟村东，估测树龄300年，树高10米，胸围2.5米，平均冠径16米。奥维经纬度：117.820398，40.213006。西安80坐标：20569170，4453366。海拔99米。

2号（孟祥海）板栗树位于村北一洼地中，估测树龄360年，树高8米，胸围3.26米，平均冠径18米。奥维经纬度：117.821320，40.220408。西安80坐标：20569244，4454193。海拔132米。

西下营乡东沟村板栗2号（孟祥海）

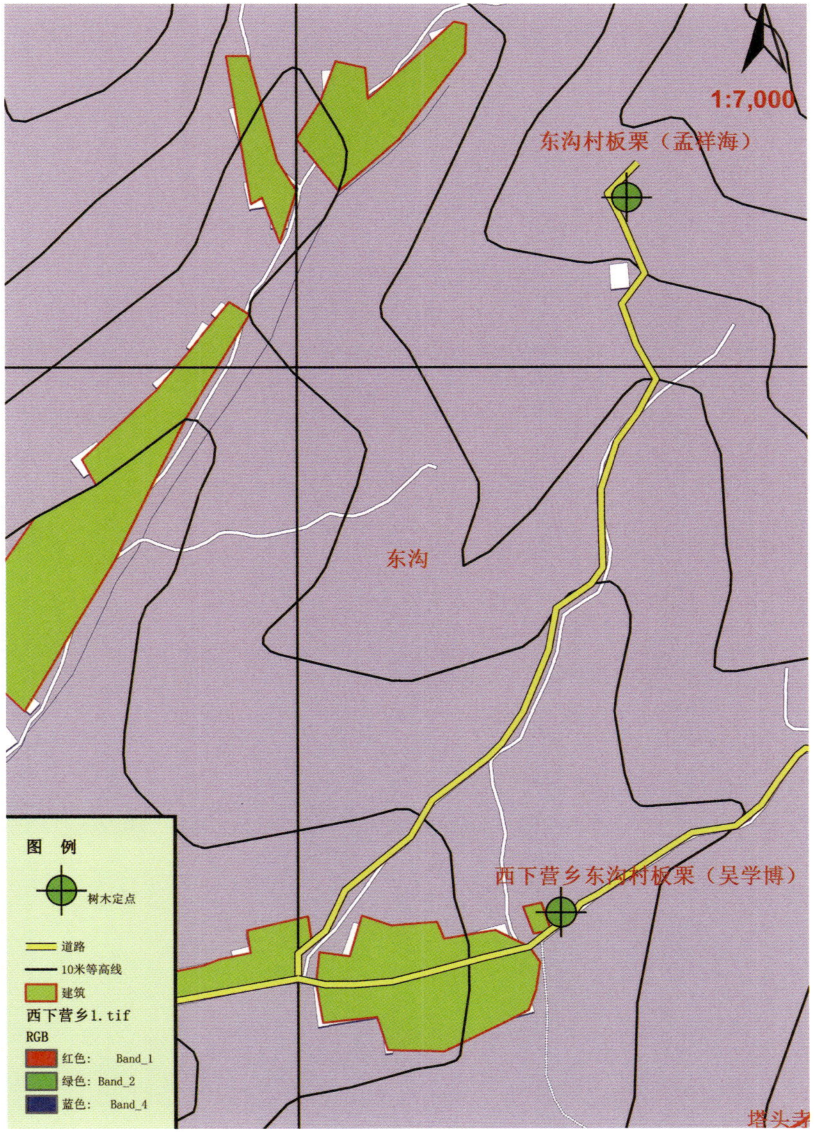

西下营乡东沟村板栗古树分布图

3. 侯家寨乡房山沟村板栗

1	3	5
2	4	6

1. 房山沟石碑
2. 侯家寨乡房山沟村板栗1～5号分布图
3. 侯家寨乡房山沟村板栗1号
4. 侯家寨乡房山沟村板栗2号
5. 侯家寨乡房山沟村板栗3号
6. 侯家寨乡房山沟村板栗4号

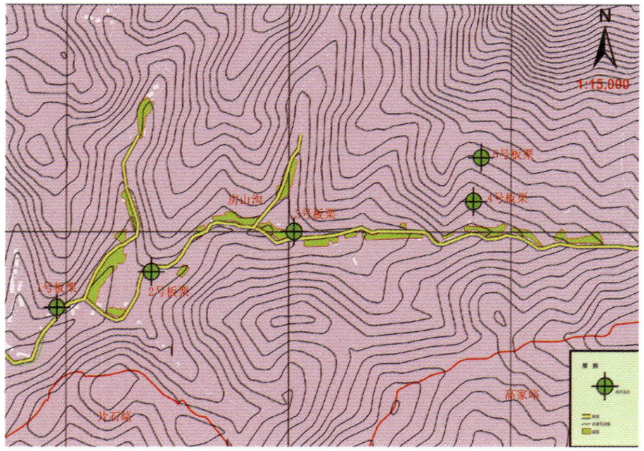

中 文 名：板栗（别名：栗）
古树群编号：130281Q0052
古树编号：13028100116～13028100120
拉丁文名：*Castanea mollissima* BL.
科　　属：壳斗科　栗属
保护等级：二级保护　古树

房山沟村为行政村，位于市中心区东北15～18公里处，地处其所在侯家寨乡和遵化市的东北部山区，由头道房子、三道房子、田家村、马家峪、谭家峪、刘杏峪、张桥峪、双环峪、西沟9个自然村片组成。房山沟附近是一大片山区，整个村庄在一个扇形的区域内，植被较好，山间多处清澈的山泉水，汇合成小河流向般若湖。

该古树群保存三百年以上板栗树10株，百年以上板栗树1000余株。单株调查5株。

1. 13028100116（1号），树高7米，冠幅16米，地围3.7米。奥维经纬度：118.064559，40.286032。海拔189米。估测树龄400年。

2. 13028100117（2号），树高11米，冠幅11米，地围6.46米。奥维经纬度：118.069384，40.287622。海拔199米。估测树龄1000年。

3. 13028100118（3号），树高9米，冠幅12米，胸围3.7米。奥维经纬度：118.069384，40.287622。海拔220米。估测树龄400年。

4. 13028100119（4号），树高5米，冠幅7米，胸围2.66米。奥维经纬度：118.086387，40.290697。海拔284米。估测树龄300年。

5. 13028100120（5号），树高11米，冠幅11米，胸围3.35米。奥维经纬度：118.086505，40.292097。海拔309米。估测树龄400年。

侯家寨乡房山沟村板栗5号

4．汤泉乡福泉宫板栗

汤泉皇家旅游度假区位于遵化市汤泉乡，占地12.4平方公里，因泉水四季沸腾如汤，故称“汤泉”。这里山水环绕，殿宇恢宏，风光秀丽，景色迷人，是中外驰名的旅游胜地。汤泉泉池用巨石甃成，冬日水气为云，缭绕天际，每当红日凌空，彩虹映照，俯视泉池，旭日映于泉底，这便是昔日东陵八景之一的“汤泉浴日”。唐太宗李世民曾在此地洗浴疗疾，赐建福泉寺，设立福泉公馆。

遵化福泉宫温泉度假村位于汤泉满族乡境内，此地温泉自唐朝起就成为皇家洗浴之地，距今已有1300多年的历史。福泉宫西距世界文化遗产地清东陵8公里，西北距上关湖景区2公里，北靠万里长城，据称是唐山目前档次最高的度假村。

福泉宫亭台楼阁坐落在山石、古树、建筑群间，整个区域诗情画意，幽雅不俗；南方园林景观理念，北方古典建筑风格；竹林掩映，绿树环绕；建筑错落有致，泉水拾级而上——好一个精致优雅、禅意人生的去处。

汤泉乡是板栗乡镇，全乡80%的土地种植板栗树，百年以上板

福泉宫泳池

福泉宫亭台楼阁

栗古树随处可见，数不胜数，仅福泉宫百年以上古栗树至少有几百株。

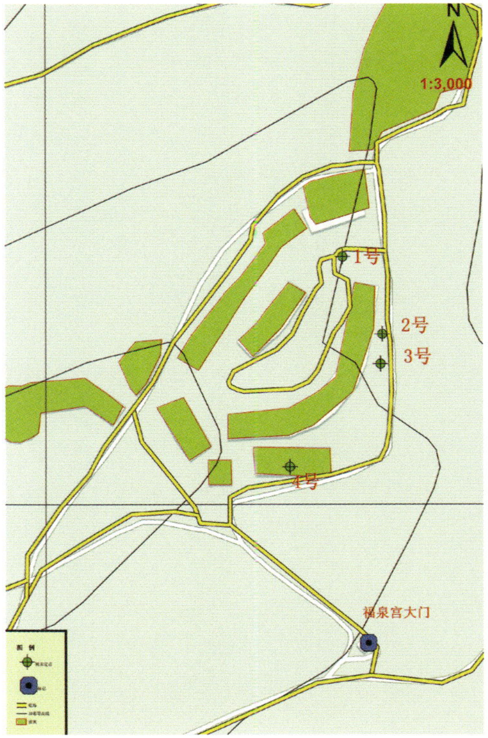

汤泉乡福泉宫板栗古树分布图

福泉宫门口

1	2
3	4

1.汤泉乡福泉宫板栗古树1号
2.汤泉乡福泉宫板栗古树2号
3.汤泉乡福泉宫板栗古树3号
4.汤泉乡福泉宫板栗古树4号

中 文 名：板栗（别名：栗）
小 地 名：汤泉乡福泉宫
古树编号：13028100121～13028100124
拉丁文名：*Castanea mollissima* BL.
科　　属：壳斗科　栗属
保护等级：三级保护　古树

1. 13028100121（1号），树高6米，冠幅8米，胸围1.32米。奥维经纬度：117.771842，40.211638。海拔140米。估测树龄110年。

2. 13028100122（2号），树高6米，冠幅6米，胸围2.6米。奥维经纬度：117.773105，40.211234。海拔142米。估测树龄240年。

3. 13028100123（3号），树高5米，冠幅6米，胸围1.55米。奥维经纬度：117.773129，40.210993。海拔141米。估测树龄130年。

4. 13028100124（4号），树高6米，冠幅8米，胸围2.4米。奥维经纬度：117.772343，40.210263。海拔134米。估测树龄220年。

5. 兴旺寨乡尚禾源板栗

1	3
2	4

1. 兴旺寨乡尚禾源板栗古树1号
2. 兴旺寨乡尚禾源板栗古树2号
3. 兴旺寨乡尚禾源板栗古树3号
4. 兴旺寨乡尚禾源板栗古树分布图

中 文 名：板栗（别名：栗）
小 地 名：兴旺寨乡尚禾源
古树编号：13028100084～13028100086
拉丁文名：Castanea mollissima BL.
科　　属：壳斗科　栗属
保护等级：三级保护　古树

兴旺寨乡位于遵化市境西北部，距市区8.1公里，辖30个行政村，地处燕山山脉长城脚下，北接兴隆县，东临苏家洼，西临西下营。长城旅游公路横贯全境。该乡以铁矿石、板栗为主导产业，百年以上老栗树数不胜数。

1. 13028100084（1号），树高9米，冠幅11米，胸围2.26米，奥维经纬度：117.890671，40.227416，海拔97米。估测树龄200年。

2. 13028100085（2号），树高6米，冠幅7米，胸围2.1米，奥维经纬度：117.890131，40.227586，海拔97米。估测树70年。

3. 13028100086（3号），树高7米，冠幅9米，胸围1.6米，奥维经纬度：117.892748，40.225014，海拔97米。估测树龄120年。

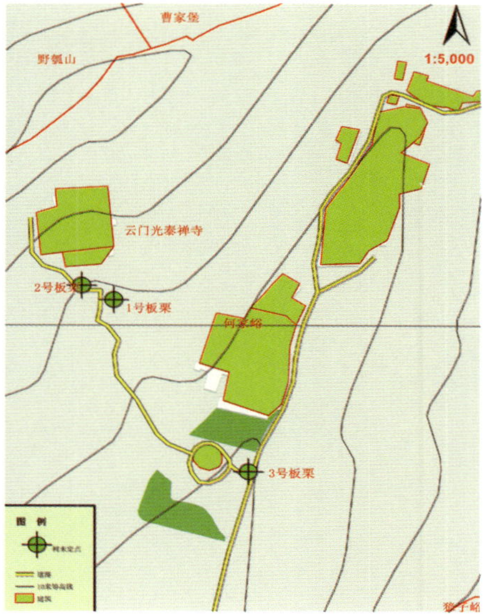

6. 西三里乡北峪村板栗

西三里乡北峪村板栗古树1号

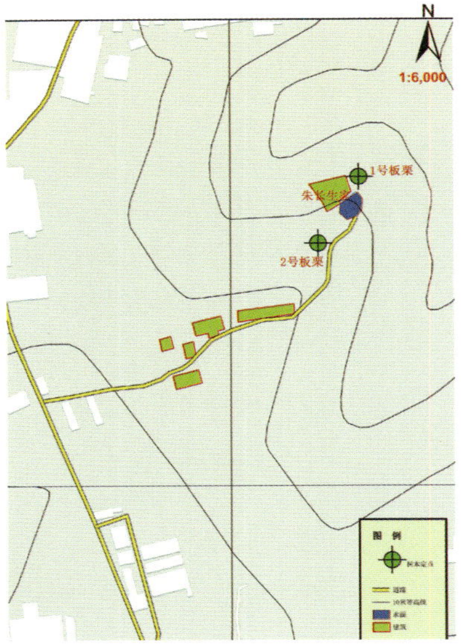

西三里乡北峪村板栗古树1号位置图

西三里乡北峪村板栗古树1号树干

中 文 名：板栗（别名：栗）
小 地 名：西三里乡北峪村朱长生家
古树编号：13028100041～13028100042
拉丁文名：*Castanea mollissima* BL.
科　　属：壳斗科　栗属
保护等级：三级保护　古树

13028100041（1号），冠形如伞，丰满漂亮。胸围2米，树高8米，冠幅13米。估测树龄120年。奥维经纬度：117.937079，40.231614。海拔91米。

13028100042（2号），树形高大。胸围2.1米，树高13米，冠幅10米。估测树龄100年。奥维经纬度：117.936317，40.230471。海拔83米。

西三里乡北峪村板栗古树2号树干

西三里乡北峪村板栗古树2号

第三篇

银杏

银杏（Ginkgo biloba L.）银杏科，别名白果、公孙树、鸭掌树等。银杏是中国特产之世界著名树种，是生物界的“活化石”植物。银杏树生长较慢，寿命极长，自然条件下从栽种到结银杏果要20多年，40年后才能大量结果，因此又有人把它称作公孙树，有“公种而孙得食”的含义，是树中的老寿星，具有观赏、经济、药用等价值。银杏为落叶大乔木，雌雄异株，雄花柔荑状花序，雌花球状；叶扇形有长柄，有二叉状叶脉，先端常2裂；互生于长枝而簇生于短枝上；花期4~5月，风媒花；种子核果状，椭圆形，径2厘米，9~10月成熟，呈淡黄或橙黄色，外被白粉。

银杏树喜光，具深根性，寿命极长，抗病虫害能力强。对气候及土壤条件适应性强，喜适当湿润而又排水良好的深厚沙质壤土，不耐积水，较耐旱，耐寒性颇强，亦能适应高温多雨气候。

其材质坚密细致，富弹性，易加工，边材与心材区分不明显，不翘不裂，纹理直，有光泽，是家具制作 、雕刻、绘图板制作、建筑、室内装修的优良木材。其果实和叶具有特殊医药保健作用，可加工生产保健食品、药品和化妆品。银杏资源具有广阔的开发利用前景。

银杏是古老的裸子植物，同时也是著名的孑遗植物。在古生代及中生代遍及全球，至新生代第三纪时渐衰亡，而在新生代第四纪由于冰川期的原因，使中欧及北美等地的本科树种完全绝种，唯我国孑遗一种，故称其为“植物界大熊猫”“活化石”。现世界各地多有引种，我国浙江省天目山有世界唯一的天然银杏林。三国时期江南一带已有栽植，宋代以后黄河流域普遍栽植。河北省各地名胜古迹、庙宇、庭园常见栽植。树龄达千年以上者不鲜。

银杏树体高大挺拔，树姿雄伟壮丽，叶形奇特，秋叶绚丽，寿命长，又很少发生病虫害，最适宜做庭荫树、行道树或孤赏树。银杏是我国自古以来习用的绿化树种，最常见的是在寺庙殿前左右对植，故今在各地寺庙中常可见参天的古银杏树。遵化市共有古银杏17株，其中，侯家寨乡禅林寺自然风景名胜区13株，侯家寨乡前山寨村鹫峰山景区栖云寺1株，遵化市委院内1株，依小贵宾楼2株。

1. 侯家寨乡禅林寺自然风景名胜区银杏

禅林寺自然风景名胜区位于河北省遵化市侯家寨乡境内，北靠万里长城，南临遵化市区，东连鹫峰山，西接清东陵，总面积1平方公里。禅林寺是国家3A级景区，该景区以“四古”著称：古山（五峰山）、古树（千年银杏）、古刹（禅林寺）、古城（万里长城）。据遵化县志记载，山有五峰，中峰撑出云表，其余四峰侧立，如拱如伛，真奇观哉！禅林寺，建年无考，东晋重修，辽代复修，规模宏大，为文殊菩萨道场。

禅林寺始称云昌寺，辽代皇帝加寺号曰禅林寺。1942年被侵华日寇焚毁。2001年春复建大雄宝殿，颇为壮观。禅林寺后山所筑的长城为北齐始建、明代重修。在禅林古寺周围长着的13株（1雄12雌）银杏树，多植于秦代，树龄1900年以上的有9株，树龄在600年以上的有3株。

寺庙碑文曾记载：“先有禅林后有边（边，指长城），银杏还在禅林前。”足以证明这13株银杏历尽沧桑。至今银杏古树仍枝繁叶茂，果实累累，据景区负责人黄继伟经理介绍，现在每株雌树年产银杏果50～100公斤左右，目前市场售价500～600元/公斤，主要销往天津、北京、上海等大城市，由于是古树的果实，故供不应求。

相传从前有位年逾古稀的和尚云游至此，见五峰山山清水秀、景色迷人，便坐到一株老柏树下咏诵经文。这时，一只斑斓猛虎觅食而来，甚觉奇怪，遂环绕其周围倾听，那老和尚却视而不理。此情此景被几个樵夫看得清清楚楚，认为老和尚是神仙下凡。于是，这个消息迅速传遍附近村庄，人们把这个老和尚称作伏虎师，为他盖了茅草房，由此渐渐地建成了寺院。进山的路旁溪水蜿蜒，溪边卧着一块大石头，约一丈见方，黑色质地，上面有个足迹，似印上去的，相传是制服毒龙的僧人的足迹。抗战时期，此地成了抗日根据地，山洞中藏着许多军用物资，很多伤员在此养好伤后重返前线。1942年冬，日寇不仅烧毁了寺院，又放火烧山。新中国成立后，党和政府积极发动群众植树造林，使五峰山再现了如翡翠、似海涛的迷人容貌。2000年，政府重修禅林寺，并建成禅林寺古银杏风景园，这里成为远近闻名的一处风景名胜。

清代遵化州进士史朴到禅林寺巡游时亦留下赞颂诗句：

五峰高峙瑞去深，秦寺云昌历宋金。
代出名僧存梵塔，名殊常寺号禅林。
岩称虎啸驯何迹，石出鸡鸣叩有音。
古柏高枝银杏实，几千年物到而今。

禅林秋色（曹贺龙 摄）

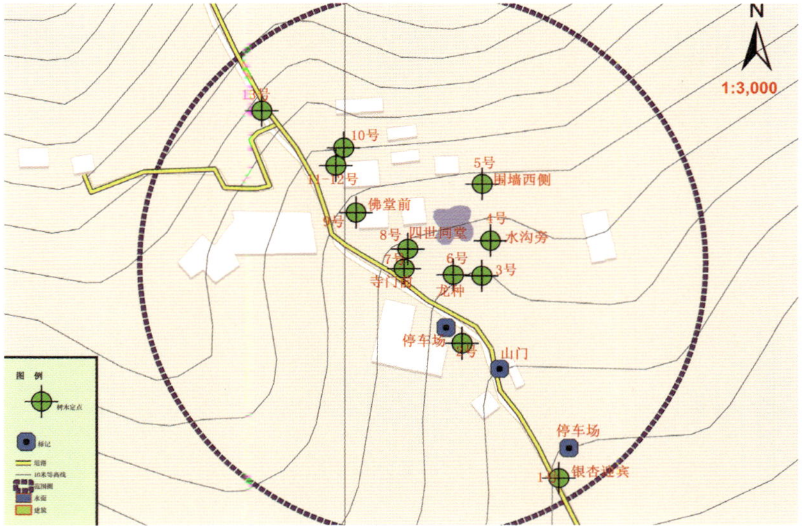

禅林寺风景区古银杏树群分布图

禅林寺风景区停车场路边古银杏树

中 文 名：银杏（别名：公孙树、白果树）

古树编号：13028100001

拉丁文名：Ginkgo biloba L.

科 属：银杏科 银杏属

保护等级：一级保护 古树

该树位于禅林寺风景区停车场路边，是进入风景区的第一棵古银杏树。树前横卧一巨石，上刻“银杏迎宾”四个红色行楷大字。

该树为雌株，估测树龄1905年，树高10米，平均冠径10米，胸围2米，海拔212米。该树历经千年风雨，目前主干中空，树旁滋生多株粗度不一的根蘖。

禅林寺风景区内小停车场中心古银杏树(一)

禅林寺风景区内小停车场中心古银杏树(二)

中 文 名：银杏（别名：公孙树、白果树）
古树编号：13028100002
拉丁文名：Ginkgo biloba L.
科　　属：银杏科　银杏属
保护等级：一级保护　古树

该树位于禅林寺风景区内小停车场中心，该树根部设置了八边形园林休闲座椅护栏。树势健壮挺拔，根部伴生两株小银杏，是进入风景区的第二棵古银杏树。

该树为雌株，估测树龄1905年，树高18米，平均冠径17米，胸围2.28米，海拔230米。该树历经千年风雨，目前主干中空，树旁滋生多株粗度不一的根蘖。

禅林寺风景区“龙种”东侧古银杏树(一)

禅林寺风景区“龙种”东侧古银杏树(二)

中 文 名：银杏（别名：公孙树、白果树）
古树编号：13028100003
拉丁文名：Ginkgo biloba L.
科　　属：银杏科　银杏属
保护等级：一级保护　古树

该树位于禅林寺风景区“龙种”东侧，树北侧是一条碎石铺设的环形路，该树树势健壮，树冠枝条朝向“龙种”生长。

该树为雌株，估测树龄1905年，树高11米，平均冠径18米，胸围1.77米，海拔234米。

禅林寺风景区“龙种”东北侧古银杏树(一)

禅林寺风景区“龙种”东北侧古银杏树(二)

中 文 名：银杏（别名：公孙树、白果树）
古树编号：13028100004
拉丁文名：Ginkgo biloba L.
科　　属：银杏科　银杏属
保护等级：一级保护　古树

该树位于禅林寺风景区“龙种”东北侧，长势健壮，该树处地势低洼、水沟旁，偏阴。该树为雌株，估测树龄1905年，树高14米，平均冠径15米，胸围2.31米，海拔240米。

禅林寺风景区内古银杏树(一)

中 文 名：银杏（别名：公孙树、白果树）
古树编号：13028100005
拉丁文名：Ginkgo biloba L.
科　　属：银杏科　银杏属
保护等级：一级保护　古树

该树位于禅林寺风景区内，处坡地，树东侧为石墙。该树为雌株，生长健壮，估测树龄1905年，树高17米，平均冠径28米，胸围3.3米，海拔250米。

禅林寺风景区内古银杏树(二)

禅林寺中心位置、五峰禅林山门东南古银杏树(一)

禅林寺中心位置、五峰禅林山门东南古银杏树(二)

中 文 名：银杏（别名：公孙树、白果树）
古树编号：13028100006
拉丁文名：Ginkgo biloba L.
科　　属：银杏科　银杏属
保护等级：一级保护　古树

该树位于禅林寺风景区中心位置、五峰禅林山门东南，是景区内唯一的一株古银杏雄树。被清乾隆帝誉为“龙种”。该树长势健壮，主树干有树洞，是遵化市最古老、最粗的银杏树，估测树龄1905年，树高22米，平均冠径23米，胸围5.15米，海拔236米。

禅林寺风景区五峰禅林山门外西侧古银杏树（一）

中 文 名：银杏（别名：公孙树、白果树）
古树编号：13028100007
拉丁文名：Ginkgo biloba L.
科　　属：银杏科　银杏属
保护等级：一级保护　古树

该树位于禅林寺风景区五峰禅林山门外西侧，雌株。该树生长健壮，根部伴生有数根银杏根蘖。估测树龄1905年，树高11米，平均冠径15米，胸围3.3米，海拔242米。

禅林寺风景区五峰禅林山门外西侧古银杏树（二）

禅林寺五峰禅林山门内古银杏树（一）

禅林寺五峰禅林山门内古银杏树（二）

中 文 名：银杏（别名：公孙树、白果树）
古树编号：13028100008
拉丁文名：Ginkgo biloba L.
科　　属：银杏科　银杏属
保护等级：一级保护　古树

该树位于禅林寺风景区五峰禅林山门内，进入寺内西侧正好看到“四世同堂”石碑。该树为雌株，长势良好，主干中空，从树根底部分出四枝，好像四株银杏并生在一起，故称“四世同堂”。该树心已腐朽，又在树洞腹中生出一株粗大的银杏，母子合一共擎苍天，给人以神秘莫测之感。估测树龄1905年，树高19米，平均冠径18米，胸围4.5米，海拔242米。

禅林寺院内西侧古寺前古银杏树(一)

中 文 名：银杏（别名：公孙树、白果树）
古树编号：13028100009
拉丁文名：Ginkgo biloba L.
科　　属：银杏科　银杏属
保护等级：一级保护　古树

该树位于禅林寺风景区禅林寺院内西侧古寺前，雌株，该树生长健壮、树姿优美、果实累累。估测树龄1905年，树高15米，平均冠径21米，胸围3.13米，海拔248米。

禅林寺院内西侧古寺前古银杏树(二)

禅林寺院内西北侧古银杏树（一）

禅林寺院内西北侧古银杏树（二）

中 文 名：银杏（别名：公孙树、白果树）

古树编号：13028100010

拉丁文名：Ginkgo biloba L.

科　　属：银杏科　银杏属

保护等级：一级保护　古树

该树位于禅林寺风景区禅林寺院内西北侧，雌株，该树生长健壮。估测树龄605年，树高14米，平均冠径13米，胸围1.7米，海拔262米。

禅林寺院内西北侧卫生间旁古银杏树（一）

中 文 名：银杏（别名：公孙树、白果树）
古树编号：13028100011～13028100012
拉丁文名：Ginkgo b loba L.
科　　属：银杏科　银杏属
保护等级：一级保护　古树

位于禅林寺风景区禅林寺院内西北侧卫生间旁，雌株，两株银杏相距半米左右，树势生长健壮。估测树龄605年，树高15米，平均冠径10米，1株胸围1.23米，一株胸围1.46米，海拔262米。

禅林寺院内西北侧卫生间旁古银杏树（二）

禅林寺风景区西北古银杏树（一）

禅林寺风景区西北古银杏树（二）

中 文 名：银杏（别名：公孙树、白果树）
古树编号：13028100013
拉丁文名：Ginkgo biloba L.
科　　属：银杏科　银杏属
保护等级：一级保护　古树

位于禅林寺风景区西北，雌株，树势生长健壮，树姿优美，根部并生1株胸围1.65米的小银杏树，树根范围有一环形石砌树围。估测树龄1905年，树高21米，平均冠径19米，胸围2.04米，海拔272米。

2.　侯家寨乡鹫峰山风景区栖云寺银杏

鹫峰山自然风景名胜区位于河北省遵化市东北17.5公里的侯家寨乡前山寨村，这里气候宜人，自然风景别致，自然景观和人文景观和谐统一，是国家AA级景区。东晋高僧修行于鹫峰山栖云寺，赞叹这里“清净清雅地，无虑无忧心”。鹫峰山自然风景名胜区以独特的自然风光和神奇的故事传说吸引着众多游客前往，它和禅林寺自然风景区通过长城连为一体。

万里长城雄踞群峦之颠，东起遵化小厂乡洪山口，西至东陵乡上海村，沿遵化市境绵延80余公里。市内有长城关口10多处（洪山口、活口、马蹄峪口、蔡家峪口、秋科峪口、甘渣峪口、沙坡峪口、冷嘴头口、大安口、鲇鱼池、马兰关、龙洞峪、券门子口等），东半部有约7.5公里较完整，西半部大部分被损坏，市内长城原有240个城楼，现存完好的15个。传烽台原有54个，遗址只存5个。鹫峰山山上长城高不足一丈，宽不过三尺，因为修长城的官吏贪占银两，偷工减料，是典型的“豆腐渣”长城。

鹫峰山又称三台山，分前台、中台、后台。这里有广阔的森林、多样的珍稀植物群落及野生动物、完好的生态环境及深厚的文化底蕴。前台平坦，早年山中僧人多在此习武。中台险峻，就是名声在外的“舍身台”。后台奇险，很少有人登临。舍身台系一高达数丈的奇峰巨石，顶部有一处10平方米左右的平台，上刻莲花和棋盘。相传一佛在此山修行，为弘扬佛法，舍身纵向悬崖，化作莲花，故后人称此台为舍身台。中台建有栖云寺，建筑面积2100平方米，栖云寺右上方有一古庙。

鹫峰山栖云古寺建于云雾山中。该景区以山名、寺古、树奇、石怪、崖绝、城窄闻名遐迩。鹫峰山海拔880米，有鹫峰挺秀、三台拱翠、古刹栖云、松猴拜佛、灵龟探头、清潭游鱼、断欲长城、别有洞天、仙顶飞石、晚秋红叶等十大景观引人入胜。1998年3月开始修缮并对外开放。鹫峰山栖云寺内有4株千年古树，包括3株古柏，1株古银杏。明朝抗倭名将戚继光置身鹫峰山，感慨万千，留下了千古绝唱《登舍身台》：

向来曾作舍身歌，今日登临意若何？
指点封疆余独感，萧疏鬓发为谁皤！
剑分胡饼从人后，手掬流泉已自多。
回首朱门歌舞地，尊前列鼎问调和。

鹫峰山栖云寺内古银杏(一)

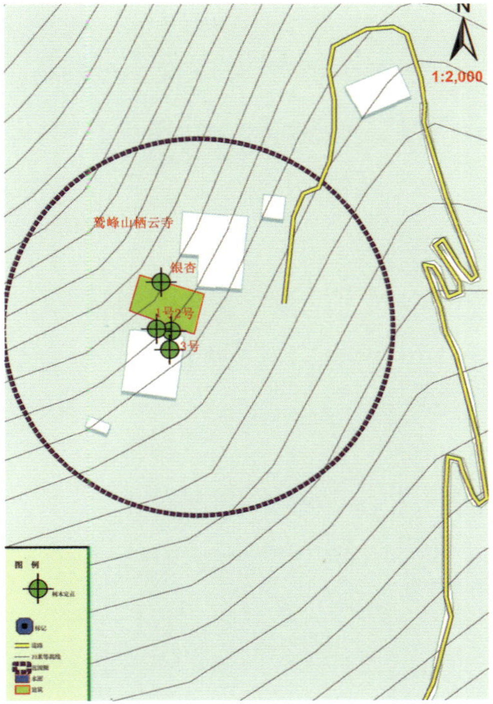

鹫峰山栖云寺内古银杏分布图

中 文 名：银杏（别名：公孙树、白果树）

古树编号：1302810018

拉丁文名：Ginkgo biloba L.

科　　属：银杏科　银杏属

保护等级：一级保护　古树

位于鹫峰山栖云寺内，雌株。该树被寺庙建筑包围，树势生长健壮，树姿优美。估测树龄1305年，树高28米，平均冠径12米，胸围2.38米，海拔517米。

鹫峰山栖云寺内古银杏（二）

3. 遵化市委院内银杏

遵化于五代后唐始设县治，在明永乐以后，遵化成了大明王朝对蒙古作战的前线，为了指挥方便，许多封疆大吏频繁往来于遵化，在城内也相应地建造了一些不同等级的衙署。这些衙署有都察院公署、顺天巡抚行院、总镇行署、遵化道署、兵备道行署和遵化县衙等。从清代遵化州署衙门平面图上看，遵化衙署大致上分为左中右三路。其中路最前面有一座牌坊，其北为大门，大门两侧环绕围墙，将三路建筑物围在其中。再后是仪门、影壁，后为大堂，再后是省政堂，这是处理政事的区域，四周也有围墙。省政堂北为内宅，自成院落。这些正符合南向为正，居中为尊的风水理念，体现“居中而治”之意。蒲松龄《聊斋志异》中有一篇名为《遵化署狐》的小说，其描写背景就是遵化衙署。

原来的遵化州署衙门，现在是遵化市委所在地，现存原大红门（即市委的大门）、古松一株（市委办公楼后面），古银杏一株（市委院内、人大办公室前），石狮子一对（市委门前）。

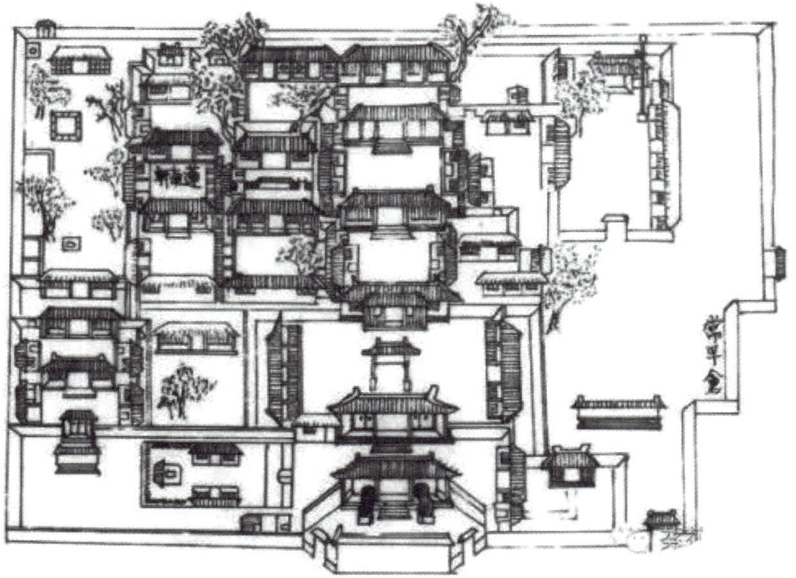

清代遵化州署衙门平面图

遵化市委门口

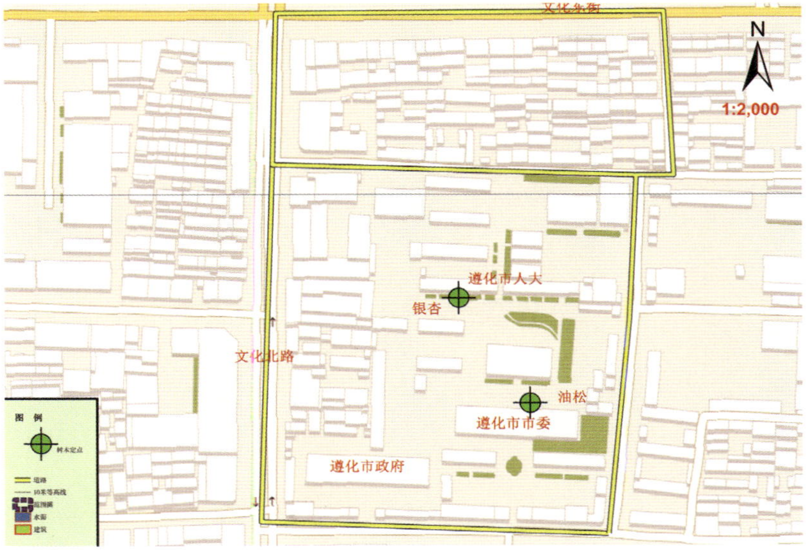

遵化市委院内古银杏分布图

中 文 名：银杏（别名：公孙树、白果树）
古树编号：1302810022
拉丁文名：Ginkgo biloba L.
科　　属：银杏科　银杏属
保护等级：三级保护　古树

位于遵化市委院内，雄株，该树被建筑包围，树势生长健壮，树姿优美，别的树都向阳生长，而它的树冠向北倾斜，仿佛遥望15里以外的禅林寺古银杏。估测树龄150年，树高28米，平均冠径12米，胸围2.38米，海拔57米。

遵化市委院内古银杏

4. 依水贵宾楼银杏

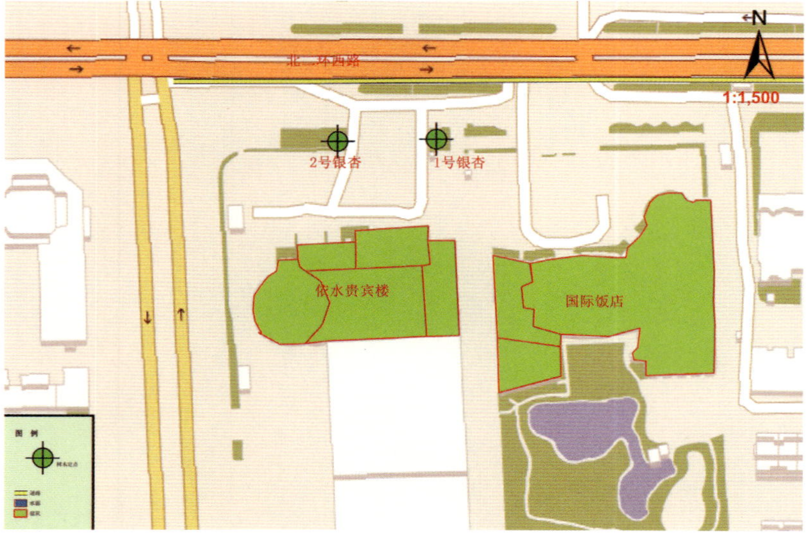

淮阳村门口银杏树分布图

淮阳村门口东侧银杏树1号

淮阳村门口西侧银杏树2号

中 文 名：银杏（别名：公孙树、白果树）
古树编号：13028100107～13028100108
拉丁文名：Ginkgo biloba L.
科　　属：银杏科　银杏属
保护等级：三级保护　古树

两株银杏树位于遵化市国际饭店旁，依水贵宾楼（淮阳村）大门前一左一右对称栽植，为新移植的百年银杏树。移栽采用了截干的措施，树体遭到重创，影响了美观度，现两株银杏已经成活。

13028100107（1号），位于淮阳村门口东侧，雄株。胸围2.12米，树高7米，平均冠幅7米。

13028100108（2号），位于淮阳村门口西侧，雌株。胸围2.1米，树高5米，平均冠幅4米。该树挂满了黄澄澄的银杏果。

第四篇 杏

杏（Prunus armeniaca L.），蔷薇科，杏属。落叶乔木，树冠圆整。叶广卵形或圆卵形；花单生，先叶开放，白色至淡粉红色；果球形，黄色，常一边带红晕，核略扁而平滑。花期3～4月，果期6月。杏果成熟时柔软多汁，酸甜可口，香甜宜人，营养丰富；种子是杏核内的杏仁，味道或苦或甜。杏树在我国栽培历史达2500年以上，东北、华北、西北普遍栽植，早春开花，繁茂美观，故有“南梅北杏”之称。据《神仙传》卷十记载：“君异居山间，为人治病，不取钱物，重病愈者，使栽杏五株，轻者一株，如此十年，计得十万余株，郁然成林。”这是说长期隐居在江西庐山南麓的董奉，热忱为山民诊病疗疾。他在行医时从不索取酬金，每治好一个重病患者，就让病家在山坡上栽五颗杏树；看好一个轻的，只须栽一颗杏树。四乡闻讯前来求治的病人云集，而董奉均以栽杏作为医酬。几年之后，庐山一带的杏林达十万株之多。杏子成熟后，董奉又将杏子变卖成粮食用来救济庐山贫苦百姓和南来北往的饥民，一年之中救助的百姓多达二万余人。董奉行医济世的高尚品德赢得了百姓的普遍敬仰，所以，后世称高超的医生为“杏林高手”。

早春杏花开放，娇艳美丽，唐代王涯写过《春游曲二首》：

其一

万树江边杏，新开一夜风。

满园深浅色，照在绿波中。

其二

上苑何穷树，花开次第新。

香车与丝骑，风静亦生尘。

遵化香白杏，又名离核香白杏、银白杏，属杏的鲜食优良品种，杏打开后，果肉与果核分离，香气浓郁，酸甜适口。杏仁味甜，品质极佳。果实在6月中下旬成熟，较耐储运。遵化香白杏以其品质优良而远近闻名，1990年在河北省杏品种鉴评会上荣获第一名，1999年在中国农业博览会上被评为名牌产品。娘娘庄乡是遵化市香白杏主产区，在2002年被河北省人民政府命名为“香白杏之乡”。娘娘庄香白杏在清朝时期就是贡品。据清乾隆五十九年（1794）修纂的《遵化州志》记载：“遵化州东南25里，有村名相古庄，盛产银白杏。因味道鲜美，被定为年贡。”香白杏，在清乾隆年间就已被作为贡品，成为皇帝及贵族的一种奢侈食品。

为深度挖掘遵化市香白杏历史文化，2018年5月，市林业局重点对娘娘庄乡相古庄村、芦各寨北山（也称芦北山）、南山（即芦各寨南山，也称芦南山）常乐谷景区等地实地勘察，发现在相古庄村东小山、芦各寨北山的花椒峪存在两片清朝及民国时期香白杏古树群，从中遴选出5株香白杏古树。其中，相古庄东小山王秀琴家的一棵杏树，树干周长2.62米，平均冠幅8米，树形完美，树势健壮，年均产杏300斤，所产果实个大饱满，色泽鲜艳，果肉多汁，风味甜美，酸甜适口。该树栽植于清朝嘉庆年间，估测树龄210年。林业局专家组一致意见，评定王秀琴家的这株古树为“遵化市香白杏树王”。

2018年6月10日，“娘娘贡杏”采摘节及南山常乐谷景区开业仪式在遵化市娘娘庄乡成功举办，这是遵化市为大力发展乡村生态旅游，持续增加农民收入，推动乡村振兴而精心筹备的一场绿色生态旅游盛宴。

相古庄东小山古杏树树干

相古庄香白杏古树分布图

相古庄东小山古杏树胸围2.62米

中 文 名：杏（品种：香白杏）
古树编号：13028100081
拉丁文名：*Prunus armeniaca* L.
科　　属：蔷薇科　杏属
保护等级：三级保护　古树

此树位于娘娘庄乡相古庄村东小山，树主王秀琴。目前这株古树生长健壮，年产量300斤左右。树干多处流有树胶，在树分枝处，竟然寄生了一株绿绿的小桑树。树高8米，胸围2.62米，平均冠径8米，树龄210年。奥维经纬度：118.135332，40.015713。西安80坐标：20596260，4431745。海拔117米。

相古庄东小山古杏树

芦北山花椒峪古杏树

中 文 名：杏（品种：香白杏）
古树编号：13028100079
拉丁文名：*Prunus armeniaca* L.
科　　属：蔷薇科　杏属
保护等级：三级保护　古树

此树位于娘娘庄乡芦北山花椒峪，树主不详。目前这株古树生长健壮，年产量在200斤左右。树高8米，胸围2.6米，平均冠径7米，树龄200年。奥维经纬度：118.109829，40.026341。西安80坐标：20594085，4432908。海拔111米。

中 文 名：杏（品种：香白杏）
古树编号：13028100080
拉 丁 名：Prunus armeniaca L.
科　　属：蔷薇科　杏属
保护等级：三级保护　古树

此树位于娘娘庄乡芦南山小南山，树主谢宝田。目前这株古树生长健壮，年产量在200斤左右。树高8米，胸围2.2米，平均冠径8米，树龄150年。奥维经纬度：118.094852，40.000243。西安80坐标：20594013，4432950。海拔87米。

芦南山景区古杏树

第五篇

槐

槐（Sophora japonica L.），别名国槐、家槐。豆科，槐属。落叶乔木，树型高大，树冠圆形；干皮暗灰色，小枝绿色；羽状复叶，小叶7～17枚，卵形至卵状披针形；花浅黄绿色，圆锥花序；荚果串珠状，肉质，长2～8厘米，成熟后不开裂，也不脱落。花期7～8 月，果期10月。

槐树在我国有五大象征意义：

1. 槐树在古代为神的象征。古槐树自古就被视为神树而受崇拜。在民间，常在老槐树下或旁边建庙或者建高台，当地百姓都向老槐树磕头，乞求神灵保佑。

2. 槐树在古代是三公宰辅之位的象征。据传，周代宫廷外种有三棵槐树，太师、太傅、太保朝见天子时，面向三槐而立，后人遂以三槐喻三公。宋朝王祐曾经亲手在自家院子内栽植三株槐树，言吾子孙必有为三公者，后其子王旦果然官拜宰相，天下称之为“三槐王氏”。

3. 古槐是故乡、祖先的象征。我国民间流传有这样的一首民谣：“问我祖先来何处？山西洪洞大槐树。问我老家在哪里？大槐树下老鸹窝。”据考证，山西洪洞古大槐树移民分布在全国11个省市的227个县。移民为怀念故乡，到达新地建村立庄时，多在村中最显要的地方种植一棵槐树，随着时间的流逝，幼槐成了古槐，变成村庄的象征。

4. 槐树是祥瑞的象征。古代唯心主义者认为，天意与人事交感相应，老天能干预人事，预示人的吉凶祸福；同样，人的行为也能感应上天。槐树的荣枯常被视为人的兴衰吉凶的征兆。民间俗语：“门前一棵槐，不是招宝就是进财。”

5. 槐树是救人的药树象征。槐花可烹调食用，也可作中药或染料。花期在夏末，和其他树种花期不同，是一种重要的蜜源植物。荚果俗称槐米，是一种中药。花和荚果入药，有清凉收敛、止血降压作用。叶和根皮有清热解毒作用，可治疗疮毒。木材供建筑用。种仁含淀粉，可供酿酒或做饲料。

国槐是常见绿化树种，其枝叶茂密，绿荫如盖，树姿优美，花期较长，常做行道树，是园林绿化主要树种。槐树木材纹理直，富弹性，耐水湿，供建筑、车辆制作、雕刻等用。花蕾可生产化妆品，可制作保健饮料。槐树适应性强，全国各地均广泛分布，尤适应干冷气候。对二氧化硫、氯气、氯化氢及烟尘等抗性较强。

我国植槐历史广而早，千年古槐并不鲜见。槐树是长寿树。“千年松，万年柏，不如老槐下转一转”，意思是说，同样胸径的松柏的树龄没有国槐的树龄长。一个村落的历史时长，看一看村中的大槐树就可以知道。可以说，槐树是村落的化石。

宋代诗人洪皓作有《咏槐》。诗曰：“弛担披襟岸帻斜，庭阴雅称酌流霞。三槐只许三公面，作记名堂有几家。”诗人描述了完成劳作后，敞开衣襟，推歪头巾，在庭院的槐树荫下畅饮美酒，心怀无比舒畅，而后感叹有资格面对三槐而坐的只有三公这样的大人物，能在朝堂上留名的又有几个？也就是说，“我”虽是普通百姓，坐在槐树下，饮着美酒，也是三公的待遇了，也知足了。

宋代裘万顷作有《窗前古槐二首》。其一：“密叶繁阴画不成，卷帘双眼为渠明。人间炎热无来处，赢得轩窗分外清。”炎炎酷暑的夏季，一棵棵槐树给诗人带来了清凉，大院里成片的槐树像撑开的绿伞，枝繁叶茂虽然难以入画，但其把树荫带给所有人家，让人感到无比清爽凉快。裘万顷诗其二曰：“去岁西湖避暑来，藉花无数眼慵开。而今归卧洪崖侧，看尽飞泉看古槐。”诗人认为，西湖的美景和名花贵树太多，视觉肯定疲劳，还是平平常常的槐树耐看啊。

洪水川村幼儿园院内国槐

1. 遵化第一槐：团瓢庄乡洪水川村幼儿园国槐

洪水川村幼儿园院内古槐

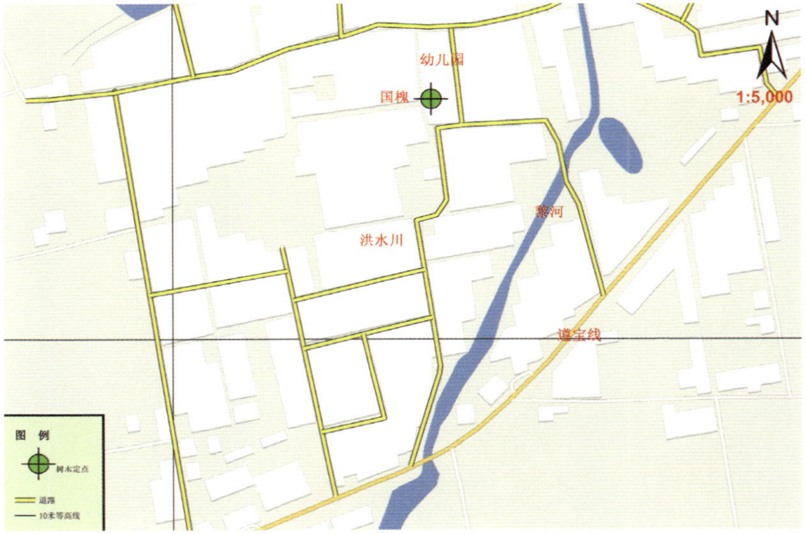

洪水川村幼儿园内古槐分布图

洪水川村幼儿园院内古槐树干

中 文 名：国槐（别名：槐树、家槐）
古树编号：13028100098
拉丁文名：Sophora japonica L.
科　　属：豆科　槐属
保护等级：一级保护　古树

该树位于团瓢庄乡洪水川村幼儿园院内，树高8米，胸围3.9米，南北冠7米，东西冠12米，估测树龄2000年。所测胸围3.9米只是当前树干一半的胸围，该树只靠这一半的树干支撑，估测全树干胸围应在6.2米以上。该树堪称“遵化市一槐”历尽沧桑，仅靠半面树皮支撑生存，老树发新枝，历经2000年而不倒，令人感慨其生命之顽强。目前树势衰弱，树皮通孔，仅剩南侧一个主枝，亟须保护。

2. 抗日国槐：平安城镇寺下庄村国槐

寺下庄村大街上的古槐

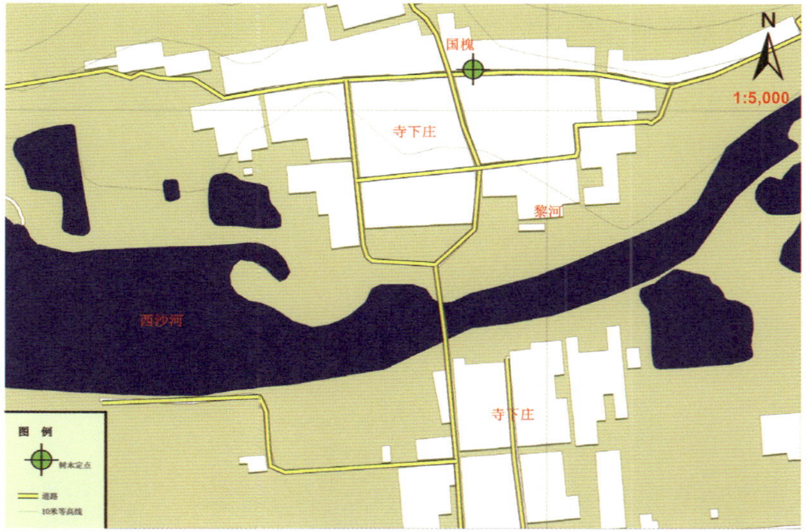

寺下庄村古槐分布图

中 文 名：国槐（别名：槐树、家槐）
古树编号：13028100035
拉丁文名：*Sophora japonica* L.
科　　属：豆科　槐属
保护等级：一级保护　古树

平安城镇寺下庄村大街上的老槐树，主干空了，就剩一层皮，但依然蓊蓊郁郁。抗日的烽火燃烧在冀东大地，遵化健儿勇敢地拿起武器，与日寇殊死搏斗。该树下有150米左右的地道，抗战时曾有两名八路军战士藏进地道，躲过了日本鬼子搜查。该树胸围4.1米，树高10米，平均冠幅10米，海拔32米，估测树龄1000年。20世纪90年代，北京一富商出资130万要买老槐树，乡亲们说："给座金山也不卖，这是镇村之宝。"

寺下庄村大街上的古槐树干

3. 西下营乡政府国槐

西下营乡政府古槐

西下营乡政府古槐分布图

西下营乡政府古槐枝叶

西下营乡政府古槐树干

中 文 名：国槐（别名：槐树、家槐）
古树编号：13028100036
拉丁文名：Sophora japonica L.
科　　属：豆科　槐属
保护等级：一级保护　古树

西下营乡政府院内东南角的老槐树，历史悠久，其主干顶端已经干枯，整体树形还算完好，树势正常略向西南偏斜。该树胸围3.6米，树高10米，平均冠幅11米，海拔85米，估测树龄1000年。

4. 娘娘庄乡丁各庄村国槐

娘娘庄乡丁各庄村古槐

中 文 名：国槐
（别名：槐树、家槐）
古树编号：13028100025
拉丁文名：*Sophora japonica* L.
科 属：豆科 槐属
保护等级：一级保护 古树

娘娘庄乡丁各庄村内的老槐树，位于村健身广场东南，069乡道西侧。树势高耸，生长健壮。该树胸围2.75米，树高14米，平均冠幅17米，海拔96米，估测树龄800年。

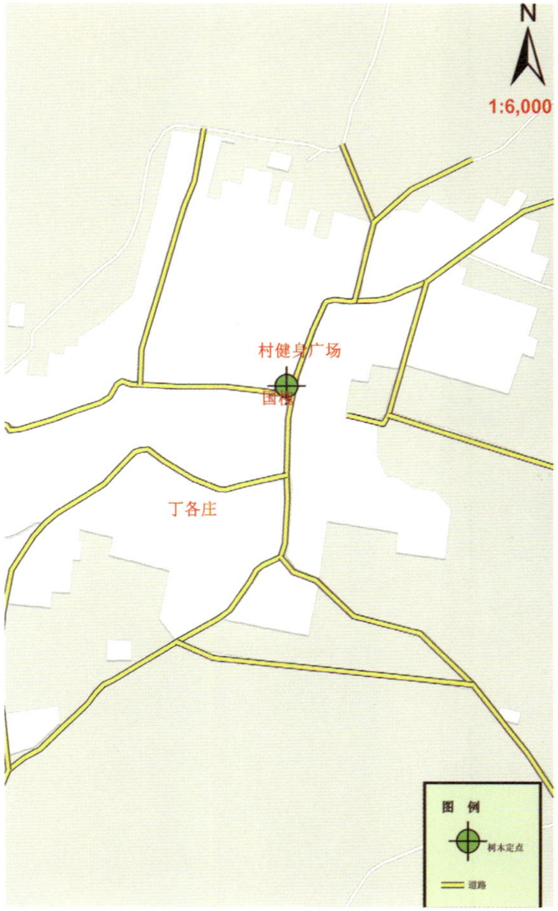

1.娘娘庄乡丁各庄村古槐分布图
2.娘娘庄乡丁各庄村古槐枝叶
3.娘娘庄乡丁各庄村古槐树干

5. 东陵乡裕大村国槐

东陵乡裕大村古槐

东陵乡裕大村古槐树干

中 文 名：国槐（别名：槐树、家槐）

古树编号：13028100099

拉丁文名：Sophora japonica L.

科　　属：豆科　槐属

保护等级：三级保护　古树

东陵乡裕大村老槐树，位于裕大村主街路北，水塔西侧。树形高大，雄壮优美。该树胸围2.74米，树高11米，平均冠幅19米，海拔126米，树龄275年。

裕大村历史可查可考。据该村刘景发（74岁，原清东陵文管处办公室主任，退休在家）介绍，在陵寝规制上，皇帝、皇后为陵，妃陵为园寝。裕大村始建于清乾隆八年（1743），时为负责裕陵（乾隆陵）丧葬祭祀等事务之机构，设有郎中、员外郎等主事职务，共计130余人。面向裕陵方向建有34处院落，取意为：乾隆帝陵日受千炉香，夜受万盏灯。裕大村的村址，大清原称为“圣水峪万年吉地”，裕陵动工破土时，看护裕陵的内务府营房建在此地，1799年乾隆帝驾崩葬于裕陵，此地称为“裕陵内务府大圈”。

该村现有古树、古井、古桥、古院墙四大遗址。建村时为田字大街，当时村内打有水井3眼，道路两侧植有国槐，东门处修建石桥一座，现在古井、石桥仍在使用，槐树大多于20世纪50年代被伐，仅存1株。解放后，定名为裕大村。

东陵乡裕大村古槐分布图

东陵乡裕大村古槐胸围2.74米

6. 新店子镇前杨庄村国槐

前杨庄村内古槐

前杨庄村内古槐分布图

前杨庄村内古槐树干

中 文 名：国槐（别名：槐树、家槐）
古树编号：13028100021
拉丁文名：Sophora japonica L.
科　　属：豆科　槐属
保护等级：一级保护　古树

新店子镇前杨庄村内的老槐树，位于村委会西110米处龙凤街路北，其主干中下部已经中空、开肚，树冠圆满，多为新滋生的枝条。该树胸围2.45米，树高9米，平均冠幅9米，海拔85米，估测树龄500年。

7. 娘娘庄乡上丁甲岭村国槐

上丁甲岭村古槐

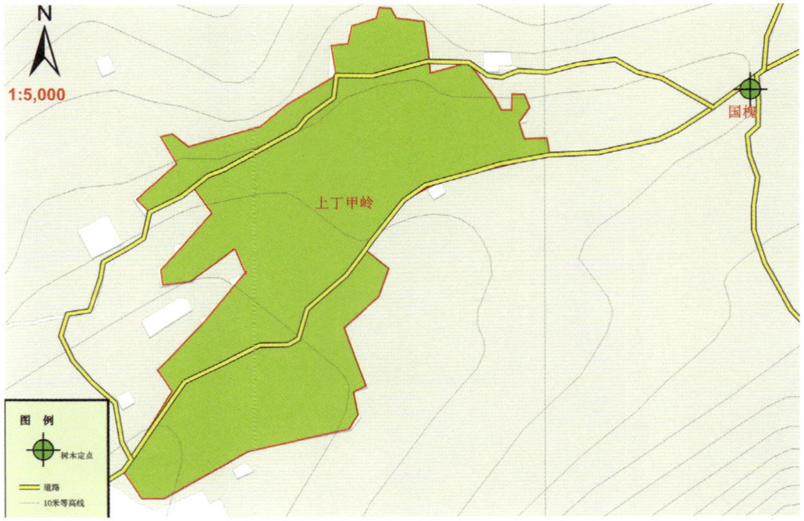

上丁甲岭村古槐分布图

上丁甲岭村古槐树干

中 文 名：国槐（别名：槐树、家槐）
古树编号：13028100026
拉丁文名：*Sophora japonica* L.
科　　属：豆科　槐属
保护等级：一级保护　古树

娘娘庄乡上丁甲岭村的老槐树，位于村东，069乡道路南，其主干中下部已经中空、穿透开肚，树干中空部可容一孩童藏身。该树胸围2.83米，树高10米，平均冠幅14米，海拔179米，估测树龄800年。

8. 娘娘庄乡黄土岭村国槐

黄土岭村古槐

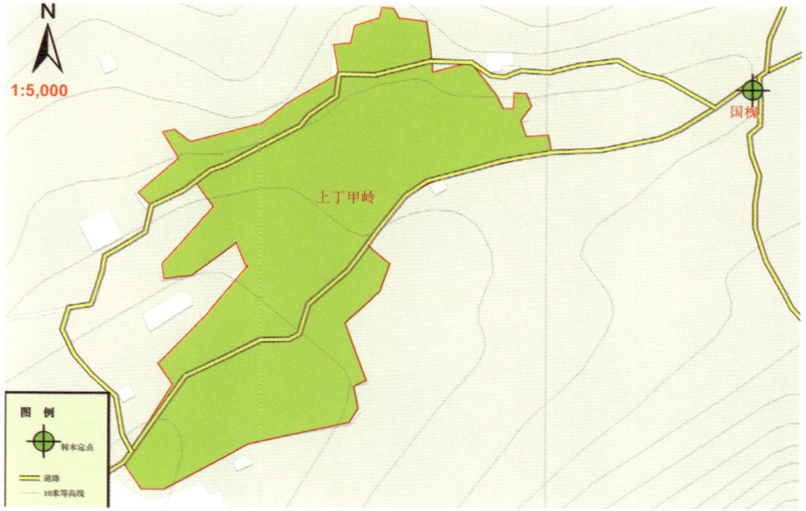

黄土岭村古槐分布图

中 文 名：国槐（别名：槐树、家槐）
古树编号：13028100027
拉丁文名：Sophora japonica L.
科　　属：豆科　槐属
保护等级：一级保护　古树

娘娘庄乡黄土岭村的老槐树，位于村主街，043乡道路西的石砌高台上，其主干中下部单侧面向东南方向中空、开肚。该树胸围4.06米，树高15米，平均冠幅20米，海拔112米，估测树龄800年。

黄土岭村古槐树干

9. 东旧寨中学国槐

遵化市东旧寨中学，也称玉皇庙中学，位于遵化市南部东旧寨镇梁屯村南的玉皇庙山顶，学校最初是1898年所建的义塾，是遵化州四大义塾之一。

民国初年，当地官僚士绅开展办洋务、兴西学的活动，时学校选址在铁厂还是梁屯，不能确定。东旧寨梁屯士绅梁春宜擅刀笔，能说能写，他说，玉皇庙风水非常好，利于学子学习。玉皇庙地处梁屯村南，为五堡中心，有“九盘山活玉皇，清水倒流河”之美称。经过当时县政府批准，将玉皇庙改造为学校，于1916年开始，在南踞五虎、北伏二牛、西邻柳溪、东接通途、山下清水长流的九盘山上，将玉皇庙大殿改为教室，配房改为宿舍。1918年竣工，建立了遵化县第三高等小学。

古老的玉皇庙，不知何时所建。庙南面有雄伟壮观的山门，进门一排9间佛殿，穿门而过，二排是5间玉皇宝殿，东西耳房各两间，前有东西配殿各3间，共有房24间。为满足教室、宿舍之用，学董梁春宜等监管筹建，除保留玉皇正殿佛像外，其余全

东旧寨中学4株古槐

部清除，改建教室、校舍等，后又扩建到房45间。改建后，教室、宿舍、图书室、游艺室、洗漱室、厨房、饭厅、操场及各种体育设施等应有尽有，建筑设施颇成格局，房间空隙广种花草，栽植果树，保留院内前人栽植的几株亭亭古槐，后殿月亮门紫藤盘绕，院外北山、东山苍松葱郁，整个校园古朴素雅，幽静清新。从此，该校名噪一方。

后学校经历了抗日搬迁、“文革”等，1969年秋，取名立新初级中学，1983~1984年，合并温庄和二郎庙两处分片中学为玉皇庙中学。1993年，东旧寨乡与大寨乡合并为镇，学校更名为东旧寨中学。

学校内的几株古槐保留至今。

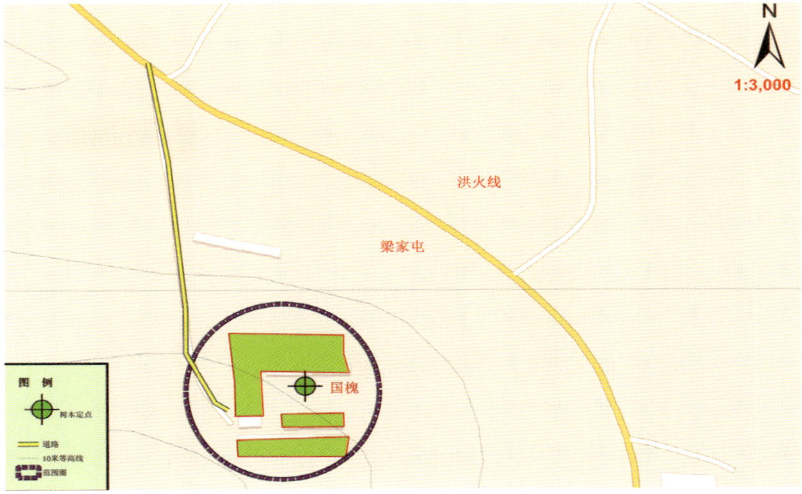

东旧寨中学古槐分布图

中文名：国槐（别名：槐树、家槐）
古树编号：13028100111
拉丁文名：Sophora japonica L.
科属：豆科 槐属
保护等级：三级保护 古树

4株国槐栽植在一起，南面1号树最为高大，背面3株中，最东面的4号树被雷击之后树势衰弱而亡。3株古树胸围依次为1.92米、1.55米、1.25米，树高10米，3株南北冠幅为18米，东西冠幅12米，估测树龄240年。奥维经纬度：118.148432，40.107340。海拔113米。

东旧寨中学古槐

10. 马兰峪镇平山寨村国槐

平山寨村古槐

平山寨村古槐分布图

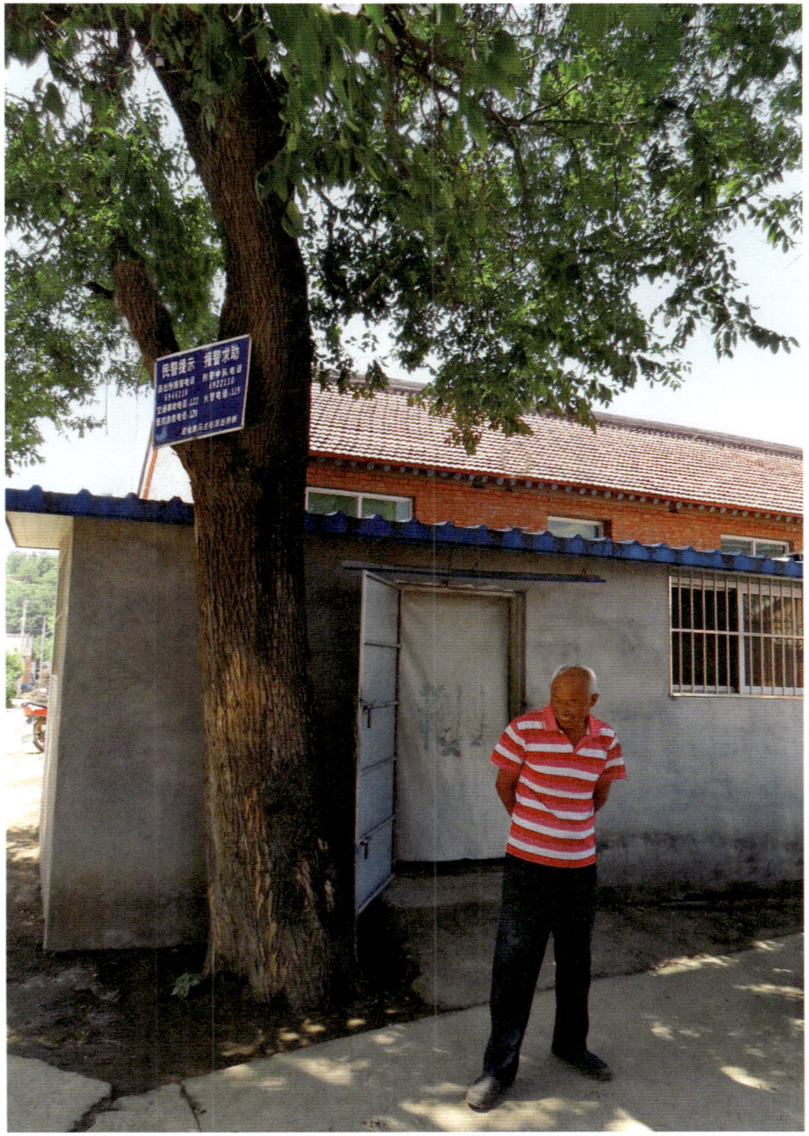

平山寨村古槐主干

中 文 名：国槐（别名：槐树、家槐）
古树编号：1302810C030
拉丁文名：Sophora japonica L.
科　　属：豆科　槐属
保护等级：三级保护　古树

马兰峪镇平山寨村老槐树，位于该村村内一十字路口，树势健壮高耸，树姿圆满。该树胸围1.9米，树高25米，平均冠幅14米，海拔179米，估测树龄110年。

11. 马兰峪镇裕营房村国槐

裕营房村古槐主干

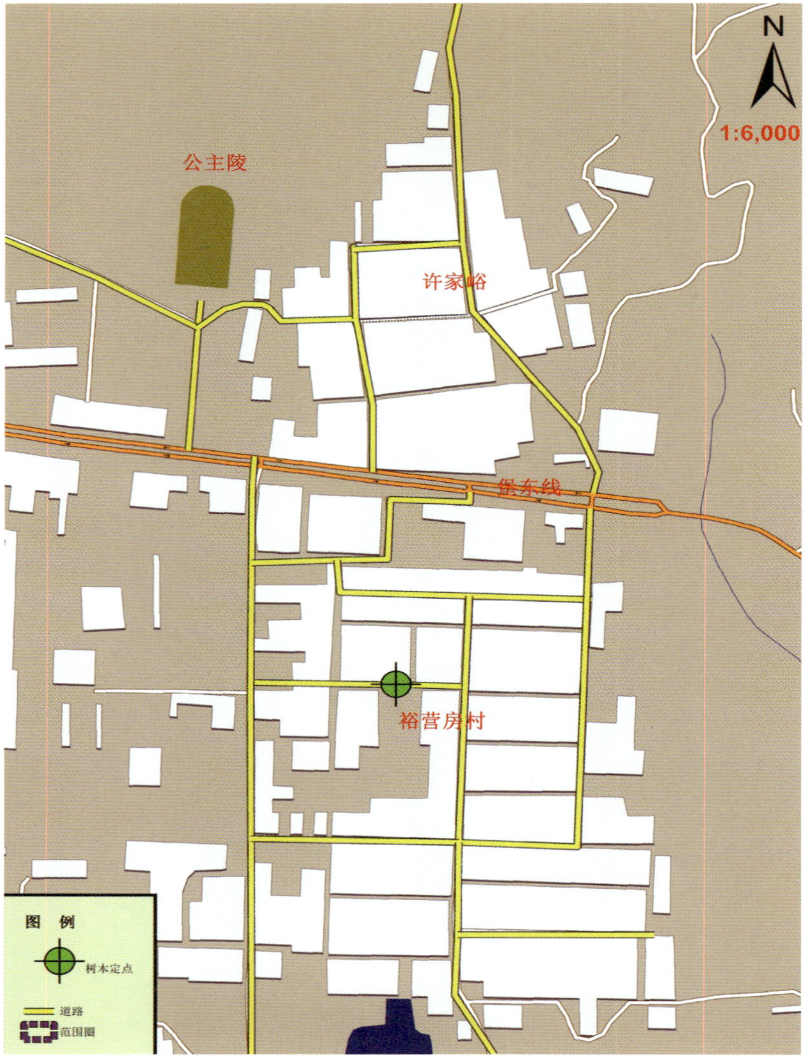

裕营房村古槐分布图

裕营房村古槐枝叶

中 文 名：国槐（别名：槐树、家槐）
古树编号：130281000031
拉丁文名：*Sophora japonica* L.
科　　属：豆科　槐属
保护等级：二级保护　古树

马兰峪镇裕营房村老槐树，位于该村街内路北。此树栽植于清康熙年间，距今300余年。树旁边有一清朝古井遗迹。1958年“大炼钢铁”时，此树主干曾经被毁，古树根部滋生了三根蘖，经过村民刘宗义精心管护培育，终于重新焕发生机。树势生长健壮高耸、树姿圆满。该树胸围2.4米，树高27米，平均冠幅15米，海拔80米，估测树龄300年。

裕营房村古槐

第六篇

油松

油松（Pinus tabulaeformis Carr.）别名短叶马尾松、东北黑松，松科，松属。常绿乔木，树冠壮年为塔形或广卵形，老年则呈盘状或伞形；树皮灰棕色，呈鳞片状开裂；一年生枝粗壮，褐黄色，冬芽红棕色；叶二针一束，罕三针一束，长10～15厘米。一年生小球果的种鳞顶部有刺，球果卵圆形；雄球花橙黄色，雌球花绿紫色，花期4～5月；球果翌年10月成熟。油松喜光，是强阳性树种，在全光条件下能天然更新；性强健耐寒，对土壤要求不严，能耐干旱瘠薄，为荒山造林的先锋树种。分布于东北、华北、西北、西南、华东等地，组成纯林或与山杨、桦木、栎类组成混交林。华北是自然分布的中心。

油松是我国古典园林不可缺少的观赏树种，根系发达，适应性强，寿命长，树姿雄伟苍劲有力。木材纹理直，材质坚硬，强度大，富松脂，耐腐朽，是优良的建筑材料。亦可提炼松香、松节油。松针、花粉可入药。

宋代王安石在《字说》中云：“松为百木之长，犹公也。故字从公。”松字由“木”字与“公”字构成，因此松又被称为“木公”。明代洪璐为松树立传，留下《木公传》名篇。而木字的笔画，又由“十”字与“八”字构成，所以松还被称为“十八公”。松者，鬆也。松叶长针形，犹如鬆毛之状，故名“松”。松树四季常青，寿享千年，有“如障，如屏，如绣画；似幢，似盖，似旌旗”的形象，受到人们的崇敬和礼赞。我国人民自古以来就爱松、敬松，形成了以松为主要题材的文化，如“岁寒三友”“松鹤延年”“寿比南山不老松”等。尤其是松树象征着坚韧、顽强和永恒，显示着高风亮节的精神，为历代所歌颂。如孔子《论语·子罕》：“岁寒，然后知松柏之后凋也。”《庄子·德充符》：“受命于地，唯松柏独也正，在冬夏青青；受命于秀，唯尧舜独也正，在万物之首。”《荀子·大略》：“岁不寒，无以知松柏；事不难，无以知君子。”唐代李白《赠韦侍御黄裳二首·其一》：“太华生长松，亭亭凌霜雪。天与百尺高，岂为微飙折。桃李卖阳艳，路人行且迷。春光扫地尽，碧叶成黄泥。愿君学长松，慎勿作桃李。受屈不改心，然后知君子。”毛泽东的“暮色苍茫看劲松”，陶铸《松树的风格》的“要求人的甚少，给予人的甚多”等。陈毅《冬夜杂咏》：“大雪压青松，青松挺且直。要知松高洁，待到雪化时。”堪称咏松的千古绝唱。

1. 遵化市委办公楼后油松

遵化市委院内古松

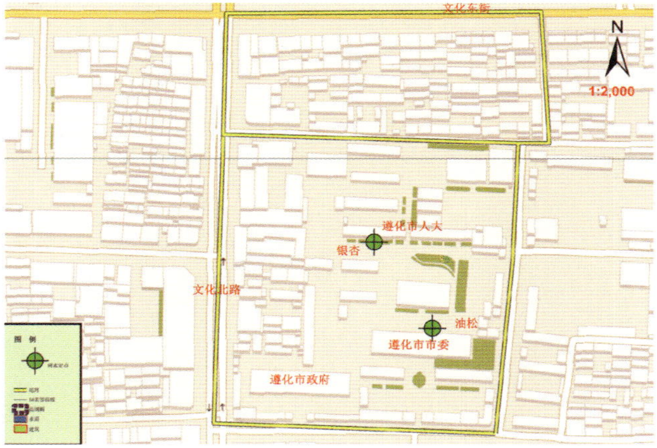

遵化市委院内古松分布图

中 文 名：油松（别名：短叶马尾松、东北黑松）
古树编号：13028100023
拉丁文名：*Pinus tabulaeformis* Carr.
科　　属：松科　松属
保护等级：三级保护　古树

遵化市委院内油松，位于市委办公楼后，树势生长健壮，树冠较大，树干较低，树形似迎客松。该树胸围1.7米，树高7米，平均冠幅10米，海拔56米，估测树龄150年。

2. 小厂乡寨主沟村松柏寺油松

小厂乡寨主沟村历史悠久，位于遵化市中心区东北20公里处，地处遵化市东北端山区。古长城东南侧为寨主沟村村民委员会驻地。该村始建于明朝，当时，寨主沟附近是深山老峪，荒山野岭，人迹罕至。人常说：“乱世离散盛世聚。”人到荒山野岭谋生，大都是因乱世或官府腐败、政治昏乱，民不聊生，或躲战乱，或躲官司，或遇天祸逃荒，隐姓埋名躲进深山老林，以求生存保全性命。寨主沟的先人也不例外。寨主沟现在还一直存在王、郑、徐、李、齐五大姓氏。该处曾住过山寨主，故取村名为寨主沟。据说，第一个逃荒的先人，不知走了多少日子，选过多少地方，因为在老家遇天灾，又摊上人命案，所以到哪儿都觉得不踏实，生怕官府缉拿到他。最后来到这个地方一看，山高路远林密，四面环山，荆棘丛生，外界不费大力气专门寻找，很难发现这儿。于是就开荒造屋，安顿下来。为自己壮胆、讨吉利，自称“王”姓，意思是占山为王，只我一姓，以后谁来也别想在这儿站脚儿。想得挺好，没成想日子不多，又来一户躲难的，也很剽悍，没容王姓允许就落脚不走了，且说，你姓“王”吗？我告诉你我姓“郑”，意思是，我是“正”路来的，是正主、正座。一郑一王，一山二虎。老王家一看这主也挺霸气，想自己为了争口气遇官司逃到这儿，刚清静下来，再争斗，也没啥意思。于是就主动和郑家和好，两家商定，就咱两家了，以后谁来也不要了——这事儿啊，就是你越不想有啥就越来啥，刚说好不要外姓，就来了一户逃荒求生的。到这儿一拜二山主，就遭到拒绝，来人说我姓徐，把我徐（续）上也多不了啥，徐（续）上人多日子好过。架不住徐家恳求，二主只好收留了徐家。再次发誓不再收人家了。可日子不长，又来了一户自称李姓的人家，也恳求前三家收留，并说，我姓李，俗话说里（李）手赶车没外人儿，咱们是一家子。好说歹说又收了李家。李家站脚未稳，又来了一户人家，听说了前四家的故事后说，我是山东逃过来的，好几十口子，就剩下我一家了，求你们帮忙，穷人不帮穷人找谁去？再说我姓齐，我这一来，咱们就“齐”了，啥也不缺了。就这样，此沟就五姓，开荒打柴造屋，在此生存繁衍。

虽然躲在深山老林，但毕竟是生活在人间，有时也不太平，时不时闹匪患和被官府流兵骚扰。郑家的一个姑娘郑翠兰在老家学过武功，专练脚上的功夫，她有双铁尖鞋，这双鞋，在过去女人小尖脚布鞋头上打制一个无比坚硬的铁包尖，这双铁包尖加上郑姑娘的一身功夫，只要一出脚，就是致命的一击，一脚一条性命，人称“铁粽子”，有个十个八个的大汉近不了眼前。五姓为保安宁，用山石垒筑起山寨，推举郑翠兰为山寨寨主，从此山下的官府和流兵贼寇再不敢到这儿来骚扰。一来二去姑娘大了，郑家有女无儿，就在山前招了一个姑爷侯震山，也随姑娘练武。寨主沟的地理位置很特殊，从遵化城南边舍身台和刁山过来，虽然翻山越岭，却离遵化城路途较近。从洪山口来此较绕道，匪盗和闲官流寇多从南而来，翻越山岭到山寨。为保山寨安全，郑翠兰命丈夫在山岭前垒筑了又一山寨，为前山寨，也就是现在的侯家寨乡前山寨，以保后山寨人员和财产安全。一般祸乱都发生在前山赛，前山寨寨主爷侯震山，每隔七天就回后山与寨主同房，生下的后代也姓郑。

松柏寺相传始建于宋代，庙前大松树已有千年历史，冠如伞盖，壮观无比，传说是月宫嫦娥想念人间，摘下松果随手撒到人间，吴刚捧出的桂花酒点点滴滴浇在这棵大树上，所以这棵神树枝繁叶茂，千年永驻，人们称它为长生不老古松神树。

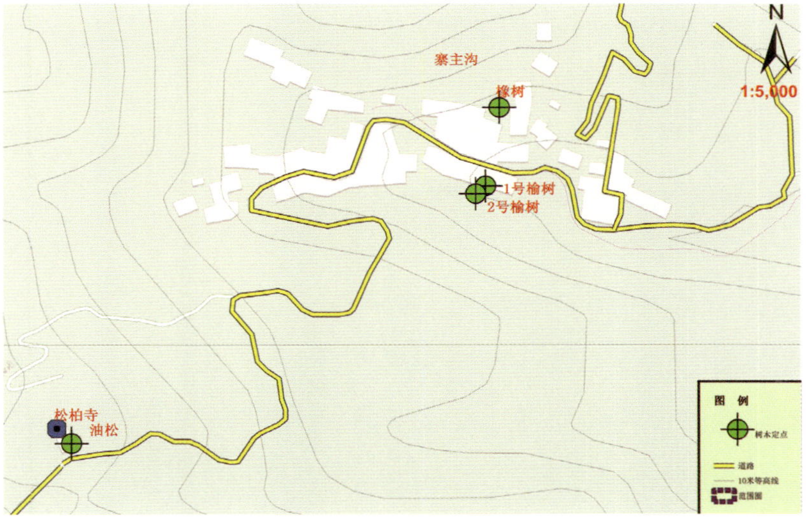

松柏寺古松分布图

中 文 名：油松（别名：短叶马尾松、东北黑松）
古树编号：13028100046
拉丁文名：Pinus tabulaeformis Carr.
科　　属：松科　松属
保护等级：一级保护　古树

松柏寺位于小厂乡赛主沟村西，原为宋代兴建的山神庙，十年动乱时曾被捣毁，2006年由妙亮法师重新修建，由遵化鹫峰山妙和法师开光，取名松柏寺。

松柏寺内有1株古油松，历史悠久，树势生长健壮、树冠较大、树干较低、形似迎客松。该树胸围2米，树高8米，平均冠幅19米，海拔453米，估测树龄1000年。

松柏寺内古松

3. 遵化市幼儿园院内油松

遵化市幼儿园的前身是遵化城隍庙。城隍庙，庙很大也很宏伟。庙内有前后两层大殿，前殿供奉慈眉善目的城隍老爷，后殿是城隍奶奶。前院的甬路两边有参天松柏，庙门上面是个高大的门楼，由钉着老虎钉的朱红大门隔开。庙门前有两个大石狮子，离庙门大约10米的地方有两根高大的旗杆，左右耸立，比电线杆还高出很多。当年城隍庙会是遵化城内的一大盛事，每当庙会，庙里庙外人山人海，好不热闹。现在院内的一株古松树龄300年，是遵化市二级重点保护古树，风吹松枝，轻微摆动，似向人们诉说着城隍庙往昔的辉煌。

遵化市幼儿园院内古松（一）

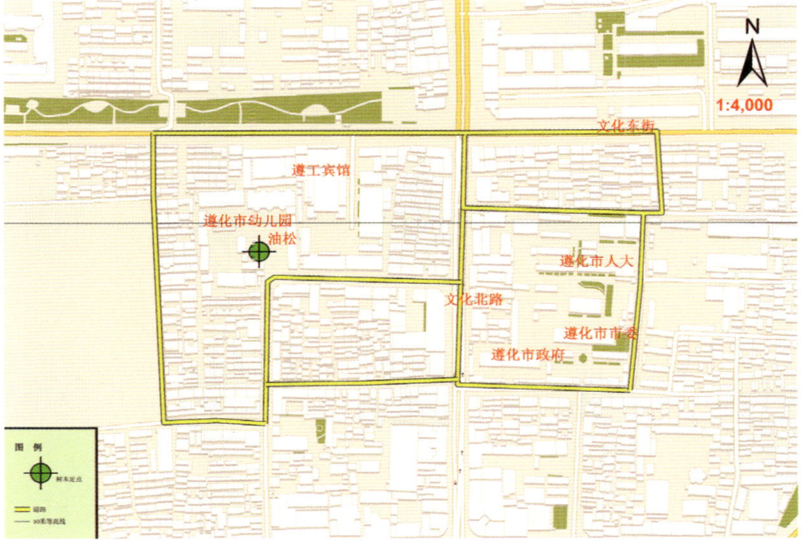

遵化市幼儿园院内古松分布图

遵化市幼儿园院内古松（二）

中 文 名：油松（别名：短叶松、东北黑松）

古树编号：13028100024

拉丁文名：Pinus tabulaeformis Carr.

科　　属：松科　松属

保护等级：二级保护　古树

遵化市幼儿园，位于遵化市文君道16号。院内油松冠幅小，长势健壮。该树树高13米，胸围2.1米，平均冠径12米，海拔53米，估测树龄300年。

4. 侯家寨乡房山沟村油松

房山沟村东梨树沟内古松

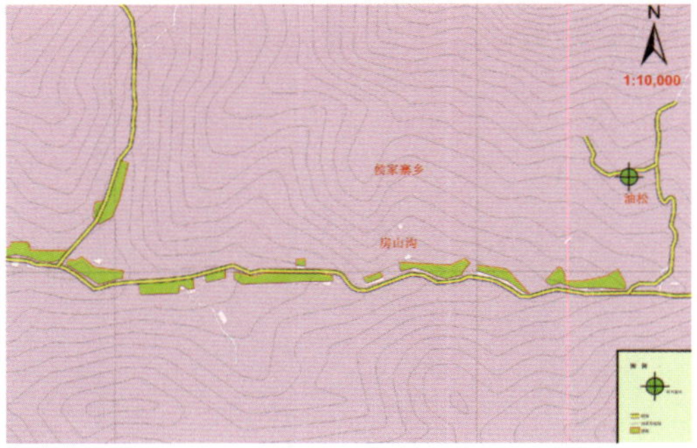

房山沟村东梨树沟内古松分布图

中 文 名：油松（别名：短叶松、东北黑松）

古树编号：13028100125

拉丁文名：*Pinus tabulaeformis* Carr.

科　　属：松科　松属

保护等级：二级保护　古树

位于侯家寨乡房山沟村东梨树沟，该树三主枝均匀分布，树姿优美，树高6米，胸围3.2米，冠幅10米，海拔333米，估测树龄450年。奥维经纬度：118.093479，40.291033。

5. 汤泉乡果庄子村油松

汤泉乡果庄子村古松分布图

中 文 名：油松（别名：短叶松、东北黑松）

古树编号：13028100126

拉丁文名：*Pinus tabulaeformis* Carr.

科　　属：松科　松属

保护等级：二级保护　古树

此油松位于汤泉乡果庄子村鸡冠山，生长在岩石中间，胸围估测0.9米，树高7米，冠幅7米，海拔240米，估测树龄300年。树形优美，傲立山石间，迎风傲雪，被誉为汤泉乡最美油松。去往油松的路上，随处都是自然景观，这里最大的特点是分布片麻岩奇石，有怪石、青蛙石、巨石山神庙，最奇妙的是一天然石龟，龟背上还生长着小栗树，其情景妙不可言。

汤泉乡果庄子村鸡冠山上古松

第七篇

侧柏

侧柏〔Platycladus orientalis（L.）Franco〕（Biota orientalis Endl.，Thnja orientalis L.），又名柏树、扁柏、香柏等。裸子植物亚门，柏科，常绿乔木。生长缓慢，在中国分布极广，北起内蒙古、吉林，南至广东及广西北部均有分布。侧柏是优良的园林绿化树种，木质软硬适中，细致，有香气，耐腐力强，多用于建筑、家具、细木工等，种子、根、叶和树皮可入药。用种子榨油，可供制皂、食用或药用。侧柏的寿命很长，且即使在中国西部和北部的干冷气候中也能四季常青，因此常被种植在寺院中。在中国寺庙、陵墓及各种古迹中，常有树龄达数百年的古侧柏。

我国栽培侧柏历史悠久，自古民间就有“千年松，万年柏"之称。侧柏被广泛植于陵园、宫殿、寺庙及名胜古迹等地。王安石在《字说》中云：“柏，犹伯也，故字从白。白，西方正色也。……不同流合污，坚贞有节，地位高洁。”在民俗观念中，白的谐音“百”是极数，诸事以百概其全部，如百事、百鸟、百川等。柏与“如意”图物合为“百事如意”；柏与橘子在一起寓意“百事大吉”。柏树，是驱鬼辟邪的利器。柏树四季常青，被视为吉祥树，过去，人们常在门前挂起柏树枝，取驱鬼辟邪之意。

柏树形美观，耐修剪，是园林绿化的主要树种，也可做砧木，嫁接改良为圆柏、龙柏等。有较强抗二氧化硫、氯气、氯化氢等有毒气体的能力，是净化空气、保护环境的优良树种。

柏树自古以来就是正人君子的化身。松柏斗寒傲雪，坚毅挺拔，刚正不阿，已经成为中华民族精神的重要组成部分。早在2000多年前就有《论语·子罕》：“岁寒，然后知松柏之后凋也。”《庄子·德充符》：“受命于地，唯松柏独也正，在冬夏青青；受命于天，唯尧舜独也正，在万物之首。”《荀子·大略》：“岁不寒，无以知松柏；事不难，无以知君子。”等等。这些断语，出自春秋战国时代，其影响力直达今日。唐代诗人杜甫借柏树追悼三国时期蜀国丞相诸葛亮——《蜀相》云：

丞相祠堂何处寻，锦官城外柏森森。
映阶碧草自春色，隔叶黄鹂空好音。
三顾频烦天下计，两朝开济老臣心。
出师未捷身先死，长使英雄泪满襟。

又有清代诗人曹一士《咏古柏》云：

桃李艳春日，松柏黯无光。

贞心结千古，誓不随众芳。

遵化最著名的柏树有沙石峪友谊树、鹫峰山栖云寺“四大金刚”古柏、铁厂镇燕昭王墓古柏等。

1. 新店子镇沙石峪友谊树

20世纪六七十年代，位于遵化市东南20公里处的新店子镇沙石峪村一度名扬世界，160多个国家和地区的国际友人远道而来一睹该村的风采，成为名副其实的连接亚非拉友谊的纽带。沙石峪在解放前是遵化远近闻名的“土如珍珠水如油，满山遍野大石头”的穷山沟，当时土地寸土寸金。解放后，在老书记张贵顺的带领下，勤劳朴实的沙石峪人硬是在石头缝里取土，青石板上造田，先后使400亩荒山变成良田，创造了“万里千担一亩田，青石板上创高产”的奇迹。1966年4月29日和1967年2月9日，周恩来总理先后两次陪同阿尔巴尼亚贵宾来沙石峪视察，称赞沙石峪人为“当代愚公”和“中国北方农业的一面旗帜”。英雄的沙石峪人民也以“敢叫日月换新天”的豪情壮志，以践行艰苦奋斗精神的标杆而闻名全国。

新店子镇沙石峪村共有4株侧柏名木，其中两株中阿友谊树，两株中加友谊树。

1966年4月29日，周恩来总理、陈毅副总理陪同阿尔巴尼亚代表团来沙石峪村参观学习，并栽下两株中阿友谊树纪念中阿两国的友谊。1967年4月28日，国务院副总理李先念带领加拿大考察团来沙石峪参观，并在一亩田栽下两株侧柏友谊树。

“万里千担一亩田，青石板上创高产”纪念碑

当年的友谊树经过岁月的洗礼，更显蓬勃苍翠、郁郁葱葱，见证着沙石峪村日新月异的发展和沙石峪人民淳朴勤劳及艰苦奋斗的愚公精神。

中阿友谊树侧柏

中加友谊树侧柏

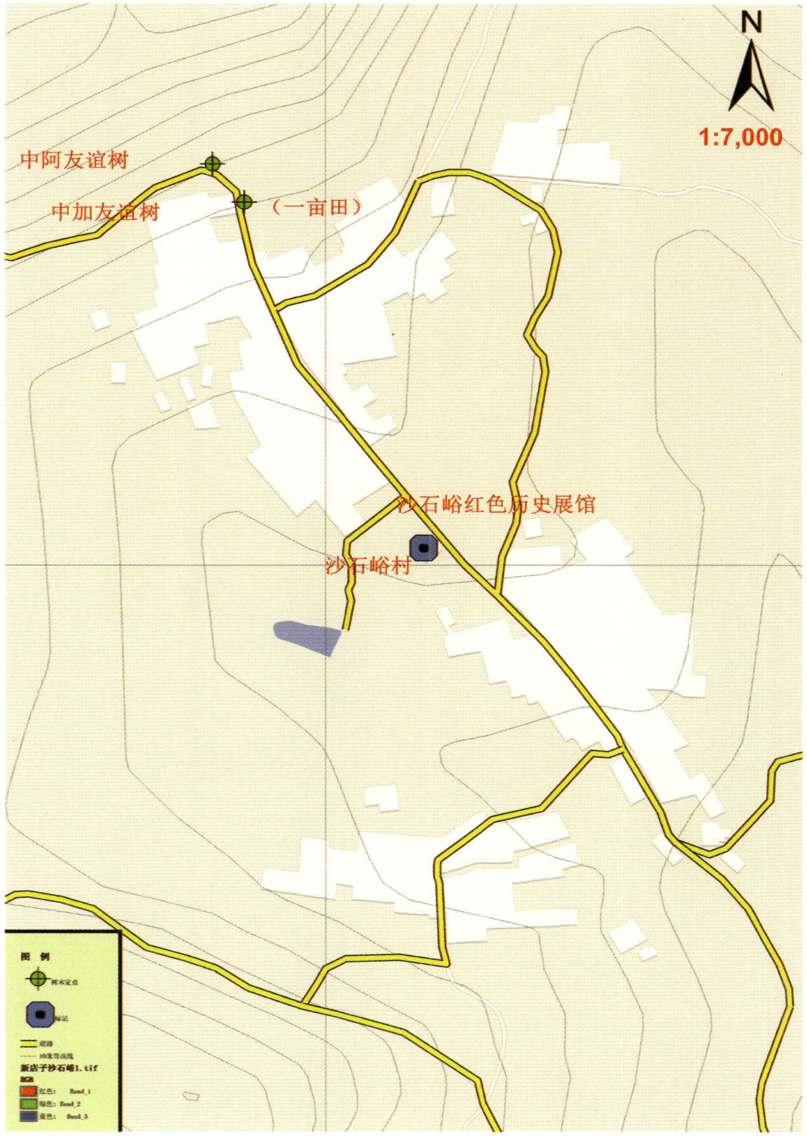

中阿、中加友谊树侧柏分布图

中 文 名：侧柏（别名：柏树、扁柏）

古树编号：13028100019～13028100020

拉丁文名：Platycladus orientalis (L.) Franco (Biota orientalis Endl., Thnja orientalis L.)

科　　属：柏科　侧柏属

保护等级：一级保护　名木

中阿友谊树，古树编号为13028100019，栽植于村北古井东南。1966年4月29日，周恩来总理、陈毅副总理陪同阿尔巴尼亚代表团来沙石峪参观学习，并栽下两株中阿友谊树。东侧树冠丰满、树体高大者为周恩来总理栽植，树高10米，胸围1.17米，平均冠幅6米，树龄52年。

中加友谊树，古树编号为13028100020，栽植于村北一亩田旁。1967年4月28日，国务院副总理李先念带领加拿大考察团来沙石峪参观时栽植。树高12米，胸围1.3米，平均冠幅8米，树龄51年

2. 侯家寨乡栖云寺“四大金刚”古柏

栖云寺“四大金刚”古柏

侯家寨乡栖云寺古柏1号

侯家寨乡栖云寺古柏2号

侯家寨乡栖云寺古柏3号、4号

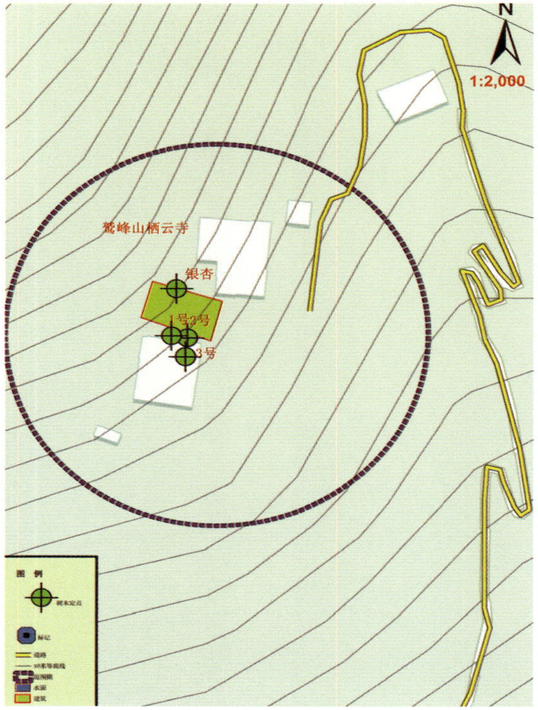

侯家寨乡栖云寺古柏分布图

中 文 名：侧柏（别名：柏树、扁柏）

古树编号：13028100015～13028100017

拉丁文名：Platycladus orientalis (L.) Franco (Biota orientalis Endl., Thnja orientalis L.)

科　　属：柏科　侧柏属

保护等级：一级保护　古树

相传，有古代高僧在侯家寨乡栖云寺栽植了4株侧柏，一株独干，一株两杈，一株三杈，一株四杈，名曰“四大金刚”，也称“兄弟柏”。4株古树护卫寺院四角，目前仅剩3株，西北方向的古柏已经没有了，鹫峰山景区栖云寺管委会在4号树位置补植了1株小侧柏。

1号树为独干侧柏，古树编号为13028100015，栽植于东北方向，旁边有一古井。树高15米，胸围2.73米，平均冠幅8米，树龄1805年。海拔512米。

2号树为双干侧柏，古树编号为13028100016，栽植于东南方向。树高16米，胸围3.75米，平均冠幅12米，树龄1805年。海拔512米。

3号树为三干侧柏，古树编号为13028100017，栽植于西南方向。树高16米，胸围2.53米，平均冠幅12米，树龄1805年。海拔512米。

3. 西下营乡双义村崖柏

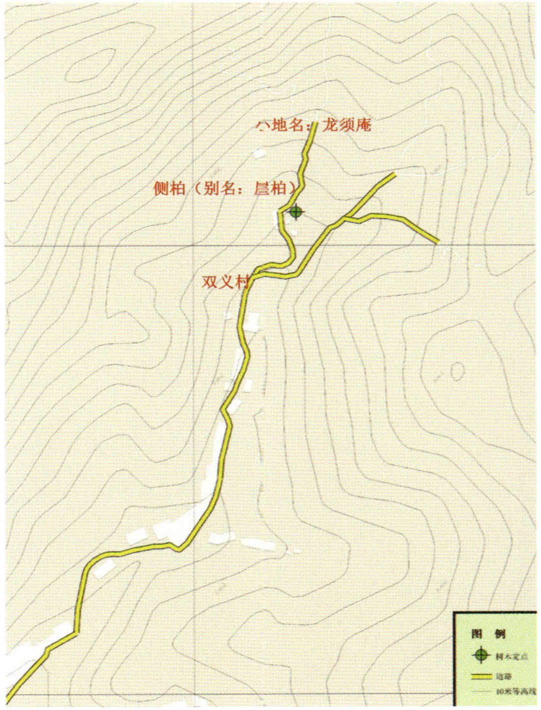

西下营乡古柏分布图

西下营乡古柏树干

西下营乡古柏

中 文 名：侧柏（别名：柏树、扁柏）

古树编号：13028100037

拉丁文名：Platycladus orientalis (L.) Franco (Biota orientalis Endl., Thnja orientalis L.)

科　　属：柏科　侧柏属

保护等级：二级保护　古树

在西下营乡的长城脚下、悬崖峭壁之上有棵古柏，当地百姓说它已成神了。据说在一个月黑风高之夜，当地一个混混儿费劲巴力爬上了百米悬崖，砍掉了一个树杈准备做手串，结果在下崖时被一个石块砸中了右眼，成了“独眼龙”。该树被当地人称为崖柏，树姿挺拔优美。经过林业部门鉴定，此树为长在悬崖边上的侧柏。虽然不是崖柏，但因其生长位置特殊，也很名贵，被列为遵化市重点保护树种之一。该树胸围约2米，树高8米，平均冠幅5米，海拔204米，估测树龄300年。

4. 铁厂镇铁厂村燕昭王墓古柏

铁厂镇铁厂村古柏

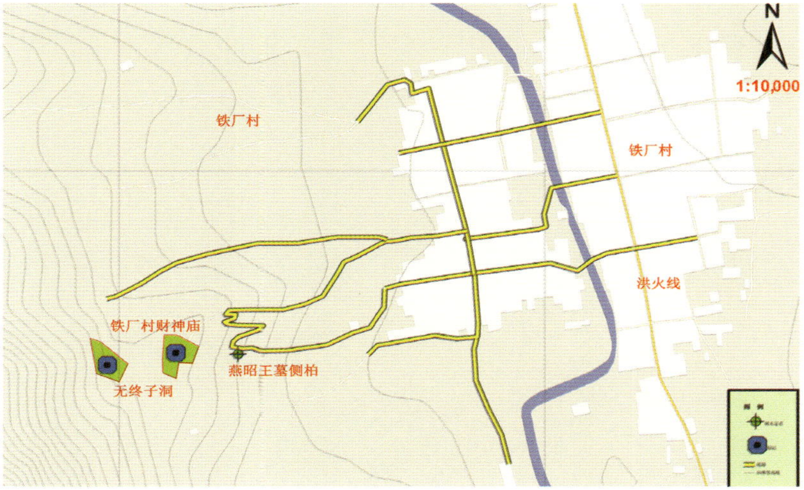

铁厂镇铁厂村古柏分布图

铁厂镇铁厂村古柏胸围1.61米

中 文 名：侧柏（别名：柏树、扁柏）

古树编号：13028100045

拉丁文名：Platycladus orientalis (L.) Franco (Biota orientalis Endl., Thnja orientalis L.)

科　　属：柏科　侧柏属

保护等级：三级保护　古树

铁厂镇铁厂村距遵化市区30公里，是有名的千年古镇。现有燕照王墓、无终子洞、涌泉寺遗址等不可移动文物44处，有兴教寺遗址、铁厂城址等重点文物保护单位5处。据遵化县志及《中国历史地图集》等记载，此地在春秋时属无终国，战国时属燕地。铁厂自唐代建村，因中唐时在此聚匠炼铁，故名为白冶庄。明弘治年间（1488~1505）由于冶铁业不断发展，人口迅速增加，并驻有军队，遂将白冶庄改称白冶厂。清道光年间（1821~1850）改名铁厂。

据考证，清朝嘉庆二十三年（1818）三月，遵化知州张杰在铁厂村西侧山畔的燕昭王墓立燕昭王石碑，至今碑边稍有破损，但整体碑文完好。石碑背面阴刻知州张杰诗一首：“无终山畔柏森森，为访遗踪踏雪寻。华表已经归洛土，高台无复筑黄金。一抔犹在贤王骨，千载如生爱士心。屈指怜才谁得似，一番展拜一番吟。”探寻历史，千年古镇几多辉煌；怀古恋今，心潮澎湃思绪万千。

该树位于燕昭王家庙遗址前，胸围1.61米，树高10米，平均6米，海拔120米，估测树龄200年。树干自一人高处分为两杈，树冠略偏向南方，树势健壮。

5. 马兰峪镇马兰关一村古柏

中 文 名：侧柏（别名：柏树、扁柏）
古树编号：13028100032
拉丁文名：Platycladus orientalis（L.）Franco（Biota orientalis Endl.，Thnja orientalis L.）
科　　属：柏科　侧柏属
保护等级：三级保护　古树

此树位于马兰关一村菜地，据说栽植于清宣统年间（1909~1911）。古柏干形通直，树姿优美，被马兰关人奉为神树，过年过节受当地人祭拜。树高12米，胸围1.2米，平均冠径7米，海拔124米，估测树龄100年。

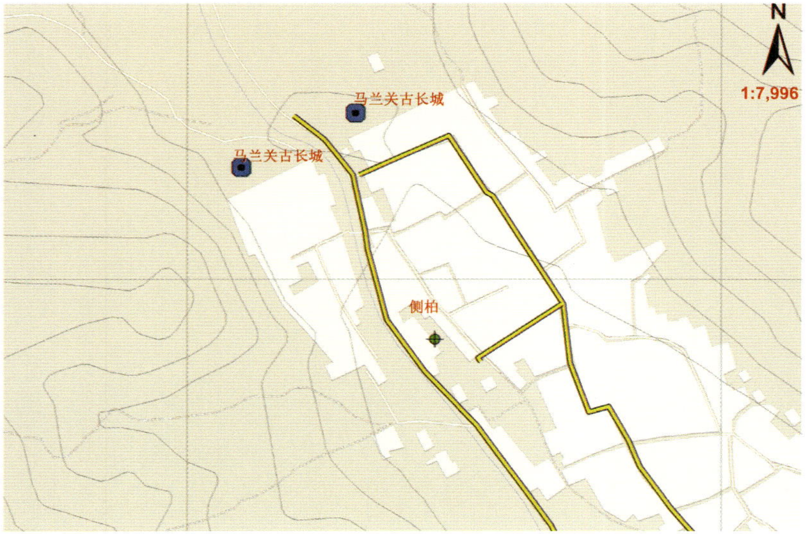

马兰关一村古柏分布图

马兰关一村古柏

6. 党峪镇白元村永寿寺侧柏

党峪镇白元村为自然行政村，位于市中心区南部27公里处。白元山，清朝时山上出现一只白色的猿猴，因此当地人称此山为白猿山，清朝嘉庆时，此地即称作白猿村，以后为了便于书写，将“猿”写作“元”，所以现在此地称作白元村。永寿寺就坐落在白元山山坳之中。

白元山永寿寺是一座古寺庙，据碑文记载，始建于康熙四十年（1701），距今已有300多年。这里三面环山，清泉涌流，鸟语花香。永寿寺在“文化大革命”中遭到破坏，后根据山势和古庙布局对其进行扩建及重新规划，2018年已经建造观音像及观音亭，计划复建寺庙主殿，增建宝塔、藏经阁等建筑。

这里有明代张炳仁兵马司的大墓，松柏涛涛，令人生畏，称作“白元大墓”。还有一段神奇的故事：张兵马司母亲怀孕时因病去世，埋入墓地后，村中烧饼店伙计每天都会遇到一个妇人晚上来买烧饼，奇怪的是，早上烧饼没了，却发现昨天晚上收的是死人花的纸钱，一连两天，皆是如此。店家合计出了一个妙计，第三天晚上，那个妇人又来了，趁妇人收拾烧饼的空儿，店家命伙计将一根带细长线的针别在了妇人的背后。妇人走后，伙计根据细长线跟随妇人的方向，发现妇人回到了一处墓地就不见了，还隐约听到了婴儿的啼哭声。伙计回来和店家一五一十地都说了，第二天，店家带人来到了妇人墓地，挖开一看，一个小孩正趴在妇人尸体上吃烧饼。小孩得救了，大难不死，聪明伶俐。这个小孩后来就成了明代有名的张兵马司。

白元山景色秀美，山中绿林葱郁，草木欣欣，古刹大殿前耸立着一棵200年前栽种的特殊的古柏，灵气盎然，很多百姓有病、孩子求学或商人求兴隆生意，来抱抱它，拜拜它，据说都很灵验。

观音像面东而立，观音像下的彩绘再现了当年古寺盛景。下面是有着美丽传说的圣泉，灌溉着这里的土地。

白元村西山永寿寺古柏

白元村西山永寿寺古柏分布图

中 文 名：侧柏（别名：柏树、扁柏）
古树编号：13028100106
拉丁文名：Platycladus orientalis (L.) Franco (Biota orientalis Endl., Thnja orientalis L.)
科　　属：柏科　侧柏属
保护等级：三级保护　古树

此树位于党峪镇白元村西山永寿寺，胸围1.2米，树高10米，冠幅5米。估测树龄200年。此树生长在岩石上，土壤极少，树干形通直，树姿优美。

7. 汤泉乡唐山工会疗养院古柏

中 文 名：侧柏（别名：柏树、扁柏）

小 地 名：汤泉乡唐山工会疗养院

古树群编号：130281Q0051

古树编号：13028100114～13028100115

拉丁文名：Platycladus orientalis（L.）Franco（Biota orientalis Endl.，Thnja orientalis L.）

科　　属：柏科　侧柏属

保护等级：三级保护　古树

唐山工会疗养院自西向东有古侧柏10株，刺柏2株，估测树龄150年。13028100114（1号）是最西面的一株，侧柏。地围3.8米，树高7米，冠幅8米，估测树龄150年。奥维经纬度：117.765710，40.207752。海拔120米。13028100114（2号）是最东面的一株，刺柏。胸围0.94米，树高7米，冠幅5米，估测树龄150年。奥维经纬度：117.766450，40.207738。海拔120米。自西向东依次为：

2号，侧柏，地围2.9米，树高7米，冠幅7米；

3号，侧柏，胸围1.28米，树高7米，冠幅6米；

4号，刺柏，胸围0.93米，树高7米，冠幅6米；

5号，侧柏，胸围1.32米，树高8米，冠幅5米；

6号，侧柏，胸围1.93米，树高7米，冠幅7米；

7号，侧柏，胸围1.44米，树高6米，冠幅4米；

8号，侧柏，胸围1.44米，树高6米，冠幅4米；

9号，侧柏，地围1.52米，树高6米，冠幅5米；

10号，侧柏，地围1.81米，树高7米，冠幅6米；

11号，侧柏，胸围0.83米，树高7米，冠幅7米。

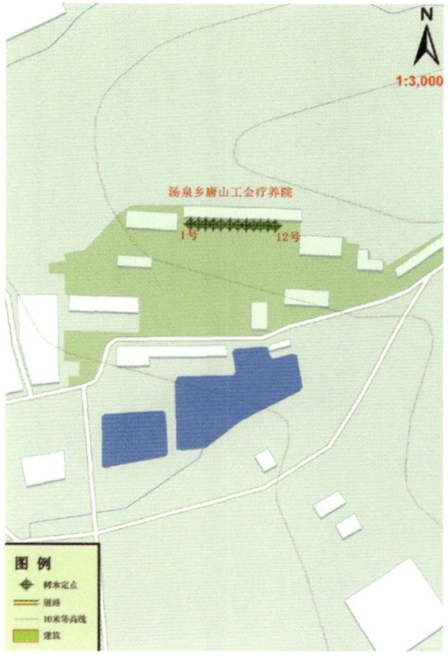

唐山工会疗养院古柏分布图

唐山工会疗养院古柏之一

唐山工会疗养院自西向东古柏10株

第八篇

流苏

流苏（Chionanthus retusus Lindl. et paxt.）是木犀科流苏树属的植物，落叶灌木或乔木，树形高大优美，枝叶茂盛，初夏满树白花，如覆霜盖雪，清丽宜人。叶卵圆形至倒卵状椭圆形，叶柄基部带紫色。圆锥花序生于侧枝顶端，花冠白色，4深裂，花期4～5月，可达20天左右。核果肉质，卵圆形，种子1枚。由于流苏树的小花含苞待放时，其外形、大小、颜色均与糯米相似，花和嫩叶又能泡茶，故也称作糯米花、糯米茶。果实含油丰富，可榨油供工业用。木材坚重细致，可制作器具，也是名贵花金桂的砧木。流苏树的芽、叶亦有药用价值。

流苏树喜光，耐寒耐旱，不耐荫蔽，忌积水；生长速度较慢，寿命长；耐瘠薄，对土壤要求不严，但以在肥沃、通透性好的沙壤土中生长最好，有一定的耐盐碱能力。常生长在海拔3000米以下的稀疏混交林或灌丛中，或生长于山坡、河边。主产于中国甘肃、陕西、山西、河北、河南，南至云南、四川、广东、福建、台湾等地。朝鲜、日本也有分布。流苏树在唐山鲜有栽培，仅遵化市侯家寨乡罗文峪村郭保有家有1株。

罗文峪村位于遵化市城北10公里，是明代蓟镇长城中的重要关隘。该关隘地势险要，易守难攻，自古就是边关要塞，兵家必争之地。该村有三大古文化：长城、古井、茶叶树。据传，古树为明朝洪武年间（1368~1398）镇关守将罗文栽植，距今已有600多年。该地因罗文而得名罗文峪。古树位于罗文峪村郭保有家院内，此树在北方极为稀少珍贵，被当地老百姓称为“茶树”。百多年前，树主干被毁，现主干为流苏古树根蘖。该树主干胸围1.04米，树高10米，平均冠幅5米。河北农业大学梁海永教授说，流苏为北方罕见的名贵树种，胸径达到30厘米的流苏树价值可达30余万元。

河北著名诗人刘章老师有诗《乔迁过罗文峪口》：

喜庆乔迁又自伤，
辞亲路似九回肠。
罗文峪口停车望，
从此家乡是故乡。

罗文峪长城 （王乃群 摄）

罗文峪村村口古井

罗文峪村

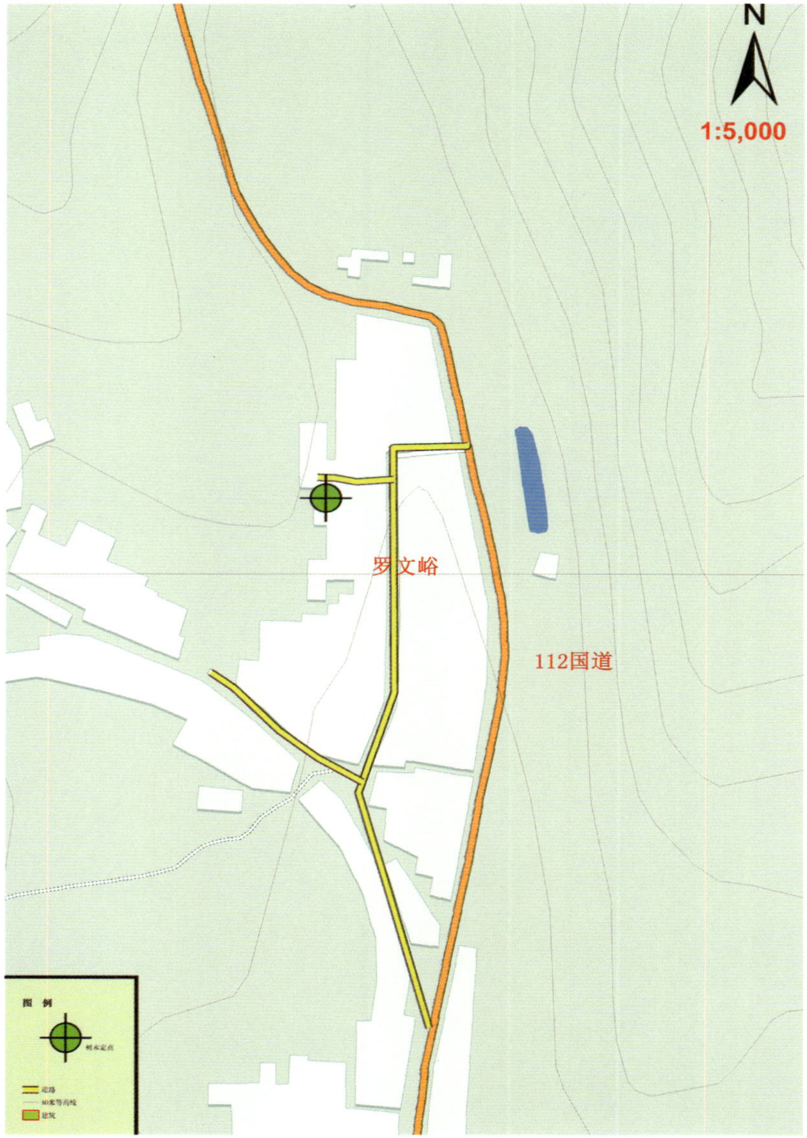

侯家寨乡罗文峪村流苏分布图

流苏嫩芽

侯家寨乡罗文峪村流苏

中 文 名：流苏（别名：牛筋子、茶叶树）
古树编号：13028100014
拉丁文名：Chionanthus retusus Lindl.et Paxt.
科　　属：木樨科　流苏属
保护等级：一级保护　古树

该树位于侯家寨乡罗文峪村村民郭保有家，是北方珍贵的茶叶树种，树势生长健壮。该树主干胸围1.04米，树高10米，平均冠幅5米，海拔147米，估测树龄600年。

第九篇

刺槐

刺槐（Robinia pseudoacacia L.）别名洋槐，是豆科刺槐属的落叶乔木，原生于北美洲。在北纬23°～46°、东经86°～124°区域内都有栽培。17世纪传入欧洲及非洲。中国于18世纪末从欧洲引入青岛栽培，之后各地广泛栽植。在黄河流域、淮河流域多集中连片栽植，生长旺盛。刺槐树皮厚，暗色，纹裂多；花为白色，有香味，穗状花序；果实为荚果，每个果荚中有4～10粒种子。因为枝条具有托叶刺，所以被称为刺槐。在华北平原，垂直分布在400～1200米之间。我国北方甘肃、青海、内蒙古、新疆、山西、陕西、河北、河南、山东等地广有栽培，因为是从国外引进，所以，中国人习惯将刺槐称为洋槐。

刺槐在河北多做灌木林栽培。因为刺槐木材具有坚硬、耐腐蚀、燃烧缓慢、热值高等特点，所以细些的刺槐木多用于铁锨、镐的柄把，粗些的刺槐木多用于矿井、巷道的支柱。遵化市西三里乡燕王台洋槐古树最为出名。

1. 西三里乡北峪村燕王台的故事

在遵化市中心北5公里处的西三里乡，有一个美丽富饶又极富传奇色彩的小山村——北峪村。村庄始建于清朝末期。在村庄正北，有一座特别显眼的高山，据遵化县志记载，这山就是远近闻名的燕王台。燕王——明太祖朱元璋的四子朱棣，当年率兵攻打蒙古，大获全胜，回京途中住在遵化县城，第二天早起就快马加鞭直奔城北十里远的城子峪北山，也就是现在西三里乡北峪村的北山。原来他曾经在一次巡边时登过城子峪北山，他站在山顶欣赏满山遍野的野菊花和色彩斑斓的山景时，偶遇了一个自称会看相的胡姓老头儿，老头儿给燕王看相，说燕王耳垂胸阔，膀大腰圆，臂长过膝，美须佳髯，乃洪福齐天之相；又智勇双全，韬略在胸，将来必为一国之君。燕王听了打心眼儿里高兴。

燕王这次来城子峪北山，正是想再访一访那位姓胡的老头儿。燕王在大槐树下等了一个上午也不见老头儿到来，便派人到村里去找。可村民们说，村里根本没有姓胡的人。这就让燕王纳闷儿了，他一边纳闷儿，一边勾起了烦心事儿，担心将来大权不知会落到谁的手中。正在他想自己前途的时候，一低头，看见地上一大群蚂蚁，光是在一二尺以外的地方转圈儿，就是不来骚扰他——这是咋回事儿？燕王问左右："你们来看，这些蚂蚁为何不来扰我，偏只在圆圈儿的外面乱爬呢？”身旁的人一看，果真如此，圆圈儿里边一个蚂蚁也没有。一个知情的侍卫嘴快：“记得上次王爷在这儿坐着，好多的蚂蚁来骚扰您，气得您用剑画了个圆圈儿，命令蚂蚁不许再进圈儿里来。当时没有灵验，如今见效了，您可真是……”在场的知情者面面相觑，一齐跪倒在地，高呼“祝王爷万寿无疆”。从此，便留下了燕王“宝剑画圈蚂蚁不扰身”的佳话，当地的人们管这山顶叫“燕王台”。

2. 燕王台上古刺槐

刺槐大树、古树比较罕见，估测此树为清朝光绪年间（1875~1908）栽植在燕王台上。主树干周围伴生12株洋槐根蘖，有“一母十二子”之说，寓意多子多福。

燕王台上的古刺槐

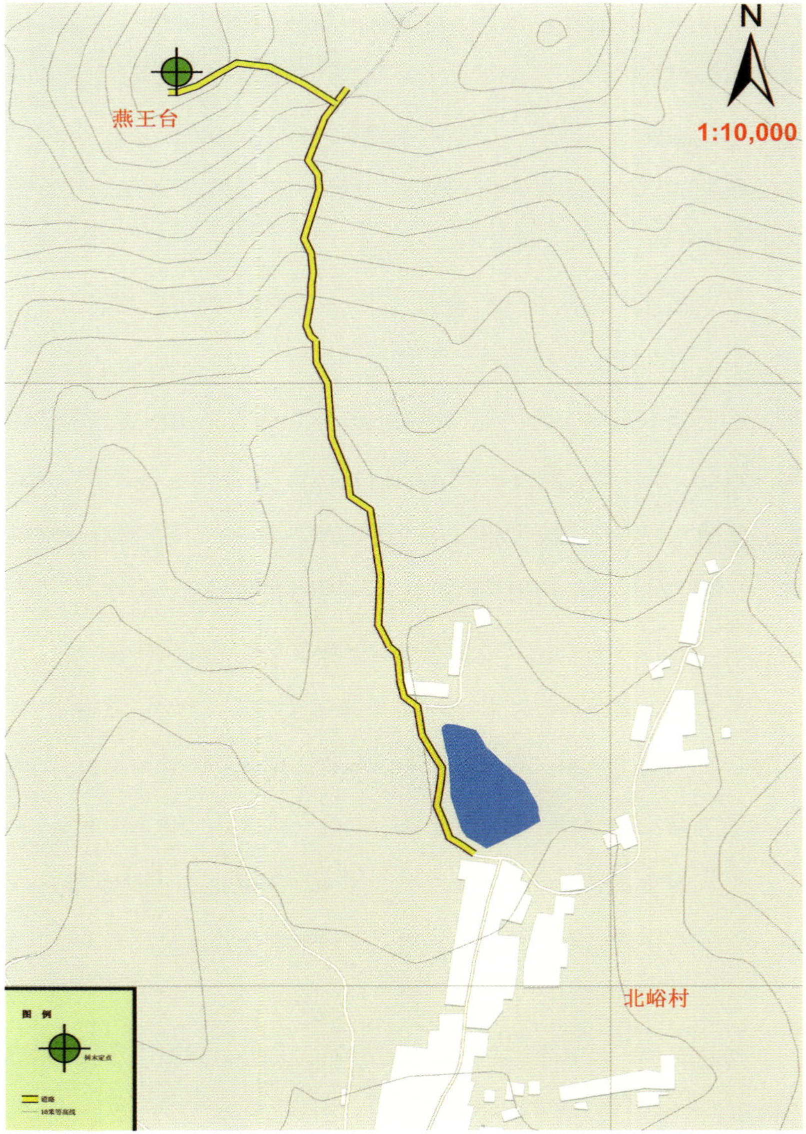

燕王台上的古刺槐分布图

燕王台上的古刺槐树干

中 文 名：刺槐（别名：洋槐）
古树编号：13028100040
拉丁文名：*Robinia pseudoacacia* L.
科　　属：豆科　刺槐属
保护等级：三级保护　古树

此树位于北峪村燕王台山顶，西北与兴旺寨乡珠岭村、东北与苏家洼镇达志沟村交界。树高12米，平均冠径6米，胸围1.5米，海拔240米。估测树龄110年。该树主干于2016年遭雷劈干枯，主干周围伴生12株根蘖，号称“一母十二子”，寓意多子多福。

第十篇

柞树

柞树（Quercus mongolica Fisch.）别名蒙古栎、橡树，山毛榉科（壳斗科），栎属。落叶乔木，高达30米，树皮灰褐色，深纵裂；树冠卵圆形；叶常集生枝端，倒卵形，长7～20厘米，缘具深波状缺刻，叶柄短，疏生绒毛；坚果卵形；总苞浅碗状；花期5～6月，果9～10月成熟。国家二级珍贵树种，我国主要分布在东北、华北、西北各地，华中地区亦少量分布。喜光和凉爽气候，耐寒性强，耐干旱瘠薄。喜酸性至中性土壤，不耐水湿。根系发达，有很强的萌蘖性。通常生于向阳干燥山坡。生长速度中等偏慢；树皮厚，抗火性强，是北方荒山造林树种之一。位于美国加州的一棵橡树据称已经生存了至少1.3万年，可能是世界上已知最为古老的活生物。

橡树是世上最大的开花植物，生命期很长，果实是坚果（人一般不吃），是松鼠等动物的上等食品。橡树的木质内部充斥着许多蜂窝状结构，可加工成软木。蜂窝结构内部饱含空气，所以软木的弹性很好。软木本身十分耐磨，各国发动机的缸垫许多采用软木作为原料。另外，橡木软木具有防潮、防虫蛀的特点，且这种纯天然的材料对人体无任何危害，因此被广泛用于葡萄酒和香槟酒的酒塞生产。

河北古代广为松栎林所覆盖，在史书中常见到对栎类的记述。《说文》云：“栎，栎木也。”《诗·秦风·晨风》中有“山有苞栎”的记载。古籍中所称栎、橡栎、柞木、橡等都是栎属，包括槲树、槲栎、辽东栎、蒙古栎、麻栎、栓皮栎、白栎等。橡实里面有淀粉、蛋白质等养分，虽不好吃，却可果腹救命。唐代皮日休在《橡媪叹》一诗里对贪官污吏横征暴敛造成民不聊生的惨况进行笔伐：

秋深橡子熟，散落榛芜冈。伛偻黄发媪，拾之践晨霜。
移时始盈掬，尽日方满筐。几曝复几蒸，用作三冬粮。
山前有熟稻，紫穗袭人香。细获又精舂，粒粒如玉珰。
持之纳于官，私室无仓箱。如何一石余，只作五斗量！
狡吏不畏刑，贪官不避赃。农时作私债，农毕归官仓。
自冬及于春，橡实诳饥肠。吾闻田成子，诈仁犹自王。
吁嗟逢橡媪，不觉泪沾裳。

遵化市小厂乡寨主沟村近村小山顶处发现1株古橡树，估测树龄180年。

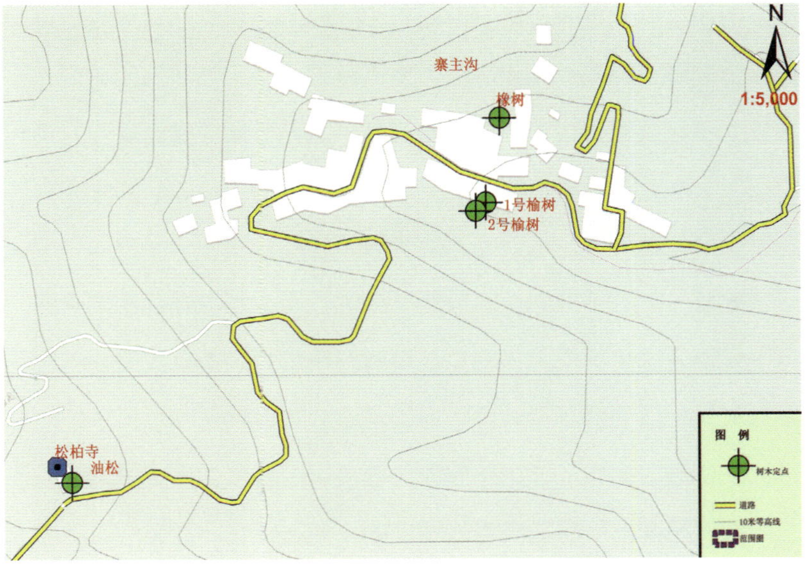

小厂乡寨主沟村古橡树分布图

小厂乡寨主沟村古橡树树干

中 文 名：柞树（别名：橡树、蒙古栎）
古树编号：13028100047
拉丁文名：Quercus mongolica Fisch.
科　　属：山毛榉科（壳斗科）　栎属
保护等级：三级保护

小厂乡寨主沟村橡树，位于该村北近山小山顶上，树势健壮，树姿圆满，苍劲古朴。该树胸围3.2米，树高10米，平均冠幅20米，海拔382米，估测树龄180年。

第十一篇

桑树

桑树（Morus alba L），桑科，桑属。树体富含乳浆，树皮黄褐色。雌雄异株，5月开花，柔荑花序。果熟期6～7月，聚花果卵圆形或圆柱形，黑紫色或白色。喜光，幼时稍耐阴。喜温暖湿润气候，耐寒，耐干旱，耐水湿能力强。原产中国中部和北部。中国东北至西南各地，西北直至新疆均有栽培。朝鲜、日本、蒙古、俄罗斯、印度、越南以及中亚和欧洲各国均有栽培。叶为桑蚕饲料，木材可制器具，枝条可编箩筐，桑皮可作造纸原料，桑葚可供食用、酿酒，叶、果和根皮可入药。桑葚可是个好东西，它被誉为“21世纪最佳水果”。古代医学家李时珍在《本草纲目》中记叙：桑葚主治肝肾不足、肾虚精亏、头晕目眩、腰腿酸软、失眠多梦、肠干便秘，可乌发养颜。它还有防癌、抗癌、延缓肿瘤扩散的作用。

传说西汉末年，为反对王莽篡位，汉室子孙刘秀起兵，不料被王莽打败，流落于幽州（今北京），饥饿难耐，恰好此时桑葚成熟，刘秀靠着桑葚充饥度过了难关。几年之后，刘秀获胜，派人去封赏此桑树，不料其人不识桑树，错将旁边的椿树封了赏，可谓“桑树救驾，椿树封王”。从此，椿树长得又高又快，受到人们的尊敬。刘秀错封了树王，桑树越想越生气，到最后气破了肚皮，留下一条裂缝，成了“气破肚”。关于桑树“气破肚”传说，有说是汉光武帝刘秀的，有说是明开国皇帝朱元璋的，还有传说是唐太宗李世民的。遵化汤泉三义村村民刘春华十分确切地肯定这个故事就是李世民东征时在遵化发生的。据考证，唐王李世民确实来过遵化。据史书记载，汤泉乡温泉是李世民东征高丽时发现的，他还赐名“福泉”，并在此修建了福泉寺，规模很大，“文革”时才被拆毁。这一定程度上证明了李世民错封树王的传说发生在三义村。

明代解缙有《桑》诗一首，诗云：

一年两度伐枝柯，万木丛中苦最多。

为国为民皆丝汝，却教桃李听笙歌。

遵化桑树比较有名，有汤泉三义村的桂花桑，有新店子镇峪口村的黑桑，有刘备寨的白桑。

1. 汤泉乡三义村桂花桑古树群

遵化市汤泉满族乡三义村，1942年始建，因有几个姓氏的人迁居此地三条山沟，人们长时间和睦相处，关系融洽，故以三义为名，取仁义、和气之意。

三义村近邻举世闻名的清东陵，西靠全国四大温泉之一的汤泉，这里盛产个大色美、香甜可口的大桑葚，每到金黄的麦收季节，人们就从四面八方涌向这里，一饱口福。

三义村不一般，它由三条沟组成，漫山遍野桑树。该村有12株桑树桑果黑白串花，昊色粉红，桑果长4～5厘米，桑果粗度直径约为1厘米，桑果成熟时有桂花香味，被当地人称为桂花桑，为果桑稀有树种。桂花桑曾受到遵化县林业局果桑股股长吴淑珍的高度重视，20世纪90年代，河北省林业厅果桑处张杰等领导专程来遵化察看桂花桑，给予高度评价，称其为全国仅有的12株桂花桑。

据祖辈们传说，这里的桑树种养已有上千年历史了。该村共有40多棵老桑树，这些老桑树是“实生桑”，原汁原味的老树，没有经过嫁接，保持着古老、纯正桑树品质与基因的传承。这些老桑树，一直归村里集体所有，承包给了农户。根据走访、调查，确定这里百年古桑现存7株。

桑葚

汤泉乡三义村桂花桑古树1号

汤泉乡三义村桂花桑古树2号

汤泉乡三义村桂花桑古树3号

汤泉乡三义村桂花桑古树4号

汤泉乡三义村桂花桑古树5号

汤泉乡三义村桂花桑古树6号

汤泉乡三义村桂花桑古树7号

汤泉乡三义村桂花桑古树群分布图

中 文 名：桑树（别名：桂花桑）

小 地 名：汤泉乡三义村村西

古树编号：13028100052～13028100053

古树群编号：130281Q0047

（古树调查号：13028103439～13028103443）

拉丁文名：Morus alba L

科　　属：桑科　桑属

保护等级：三级保护　古树

1号：古树编号13028100052。树高14米，胸围2.36米。南北冠径15米，东西冠径13米，树龄150年。奥维经纬度：117.789448，40.199349。

2号：古树编号13028103439。树高13米，胸围2.04米。南北冠径16米，东西冠径14米，树龄120年。奥维经纬度：117.789448，40.199146。

3号：古树编号13028103440。树高14米，胸围2.08米。南北冠径14米，东西冠径12米，树龄120年。奥维经纬度：117.789356，40.198835。

4号：古树编号13028103441。树高11米，胸围2.06米。南北冠径15米，东西冠径12米，树龄120年。奥维经纬度：117.789295，40.198609。

5号：古树编号13028103442。树高11米，胸围2.00米。南北冠径14米，东西冠径17米，树龄120年。奥维经纬度：115.78940，40.198605。

6号：古树编号13028103443。树高15米，胸围2.92米。南北冠径11米，东西冠径31米。 树龄160年。奥维经纬度：117.789944，40.198347。

7号：古树编号13028100053。树高14米，胸围2.50米。南北冠径14米，东西冠径21米。树龄150年。奥维经纬度：117.789879，40.198204。

各树海拔：103～108米。 产量：单株400～500公斤。

2. 刘备寨乡刘南山村白桑

刘备寨乡刘南山村白桑古树

中 文 名：桑树（别名：白桑）
小 地 名：刘备寨乡刘南山村远兆付家门前
古树编号：13028100034
拉丁文名：Morus alba L
科　　属：桑科　桑属
保护等级：三级保护　古树

白桑品种，丰产果甜。树高10米，胸围2.4米，平均冠幅14米，产量1000斤左右。估测树龄150年。

刘南山是遵化市白桑产区，相传几百年前，山上有户米氏人家，一日父母远行，叮嘱姐姐带好弟弟，弟弟出去摘桑葚一夜未归，姐姐找遍群山不见踪影，情急之下变成翠鸟，盘旋山顶大声呼唤，并把桑葚抛向大地，到了第二年，600亩的山坡上齐刷刷地长出了遍地白桑。

刘备寨乡刘南山村白桑古树树干

刘备寨乡刘南山村白桑古树分布图

3. 新店子镇峪口村黑桑

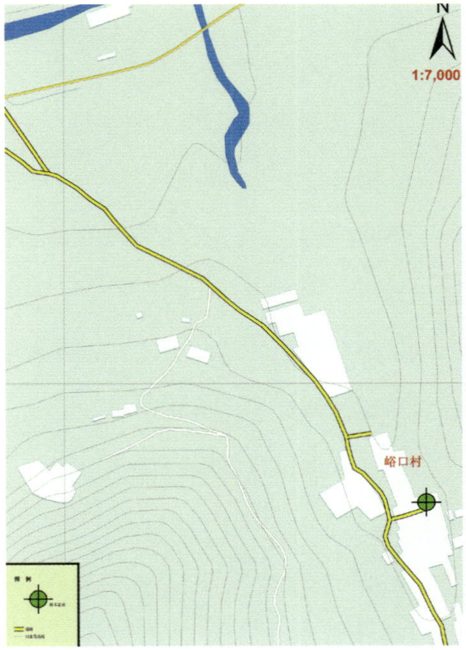

新店子镇峪口村黑桑分布图

中 文 名：桑树（别名：黑桑）
小 地 名：新店子镇峪口村李印相家西侧
古树编号：13028100097
拉 丁 名：Morus alba L
科　　属：桑科　桑属
保护等级：三级保护　古树

黑桑品种，丰产果甜。树高12米，胸围3.1米，平均冠幅15米，产量1000公斤左右。估测树龄260年。

新店子镇峪口村黑桑古树

第十二篇

君迁子

君迁子（Diospyros lotus L.），柿科，柿属，别名：黑枣、软枣。乔木，高可达20米。雌雄异株，果球形或长椭圆形，直径1.2～1.8厘米，熟时黄橙色，晒干后变蓝黑色，外被白粉。花期4～5月，果期10～11月。广泛分布于中国北方地区，分为有核和无核两种，主要的品种有大核黑枣、牛奶枣和葡萄黑枣等。

黑枣适应性强，喜光，耐寒，耐旱，耐微碱，对土壤要求不严。山区多有分布。黑枣树可做柿树砧木。

黑枣的用途：

1. 黑枣树材质优良，可做一般用材。

2. 果实去涩可生食或酿酒、制醋，干品入药能消渴去热，含维生素C，可提取供医用；种子可榨油。

3. 种子入药，能消渴去热；君迁子树能做柿树的砧木，是甜柿的最好砧木。

药用价值：

1. 《千金食治》：味苦涩，冷，无毒。

2. 《本草拾遗》：味甘平，无毒。止渴，去烦热，令人润泽。

3. 《海药本草》：微寒，无毒。主消渴，去烦热，镇心。

遵化圣泉寺的黑枣远近闻名。这里有黑枣百年古树群，群株数十株，树龄较长的有两株，其中一株为800年，一株为300年。

遵化圣泉寺坐落在刘备寨乡安各寨村旁桃花山下，坐东向西，规模较大，布局得当，建筑奇特，别具风格，是冀东唯一藏传佛教圣地。圣泉寺也叫圣水山庄，寺名来自“古圣水崖”“圣水庵”。据发掘出的碑文和《遵化州志》记载，此寺始建于唐朝，已有上千年的历史，历经各朝各代修缮，后毁于“文化大革命”，今在遗址旁重建。

圣泉寺周边奇景众多，如圣水喷珠、盘松绕殿、石鼓暮钟、盘古神龟等，其中“圣水喷珠”最为著名。清代乾隆年间（1736~1795）定为遵化十景之一。

圣水泉的故事传说：

据说，很久以前，这里山穷水恶，百姓难以生存。一日来了位老和尚，为普度众生，终日或顶烈日，或冒风雨，或斗严寒，跪拜于天，乞求天神相助。最终，老和尚的慈心善意感动了天上的王母娘娘，她随手摘下头上的金簪，照准这桃花山的一块峭壁“哧”地就是一刺，等她拔出神簪，清清的泉水汩汩流出来。“泉自石罅

刘备寨乡安各寨村圣泉寺

出，故名圣水。夏秋之交，阴雨连绵，泉流甚旺，晶光闪闪，下注如垂珠帘；冬春泉啬如索，贯珠滴滴不断，皆奇态也。”（《遵化州志》）。

接着，为了让黎民百姓不受荒凉之灾，王母娘娘又从侍女手中拿了块手帕，向泉水之处一抛，恰好落在圣水泉的四周，约计30余亩大。由于手帕当中有个窟窿，自然露出了泉址。于是，在手帕之下生长起茂密的柏树。多少年来，柏树砍掉一茬，又生一茬，总也不败。直至今日，柏树与圣水泉同在。清代州内名士郝尔庸吟诵道：

问津何必武陵源，观瀑疑经独固门。
雨后花开皆锦绣，春来水暖似汤温。
苔深石显珠眺迹，瓣落风疑翦碎痕。
几树红酬契禅情，名僧往迹与谁论？

刘备寨乡圣泉寺黑枣树1号

刘备寨乡圣泉寺黑枣树2号

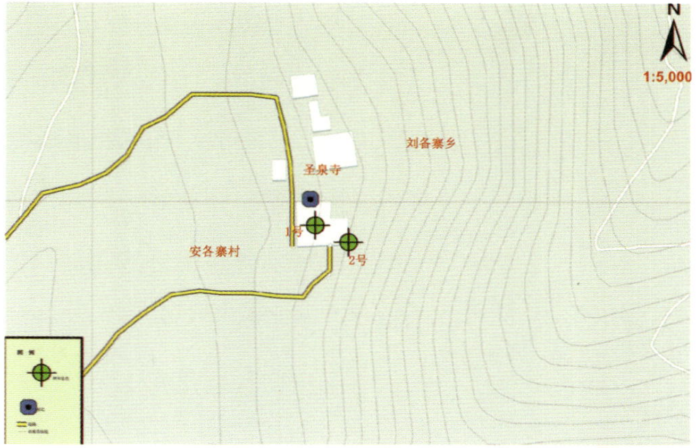

刘备寨圣泉寺黑枣树古树分布图

中 文 名：君迁子（别名：黑枣）

小 地 名：刘备寨乡安各寨村圣泉寺

古树编号：13028100033、13028100129

古树群号：130281Q0049　三级保护

拉丁文名：Diospyros lotus L.

科　　属：柿科　柿属

圣泉寺1号古树，单株调查号为13028100033，位于寺内，胸围1.94米，树高9米，平均冠幅11米，海拔83米，估测树龄300年。二级古树。

圣泉寺2号古树，单株调查号为13028100129，位于寺院外的东南角，胸围2.5米，树高11米，平均冠幅12米，海拔95米，估测树龄800年。一级古树。

圣泉寺共有百年以上黑枣10株。

传说，唐王李世民东征时得病夜宿平安城，太医穷尽办法治不好皇帝，当地村民从圣泉寺取来黑枣，李世民吃后病愈，赐名“龙枣”，从此圣泉寺的龙枣扬名天下。

第十三篇

杨树

杨树（Populus L.），杨柳科杨属落叶乔木的通称。全属有100多种，中国有50多种。木材用作民用建筑材，生产家具、火柴梗、锯材等，同时也是人造板及纤维用材。叶是良好的饲料。杨树又是用材林、防护林和“四旁”绿化的主要树种。中国杨树栽培具有十分悠久的历史，可追溯至公元前7世纪。《诗经》中即有“东门之杨，其叶肺肺”之句，战国时期《惠子》一书也有杨树繁殖记载，1300多年前《晋书》中《关陇之歌》有“长安大街，夹树杨槐”的描述，可见年代之早。宋代著名文人苏轼的《水龙吟·似花还似非花》云：

> 似花还似非花，也无人惜从教坠。抛家傍路，思量却是，无情有思。萦损柔肠，困酣娇眼，欲开还闭。梦随风万里，寻郎去处，又还被、莺呼起。
>
> 不恨此花飞尽，恨西园、落红难缀。晓来雨过，遗踪何在，一池萍碎。春色三分，二分尘土，一分流水。细看来，不是杨花，点点是离人泪。

这是一首非常有名的咏物词。词中说，杨花像花，又好像不是花，也没有人怜惜，任由它飘坠。离开了树枝，飘荡在路旁，看起来是无情物，细想却荡漾着情思。它被愁思萦绕，伤了百折柔肠，困顿蒙眬的娇眼，刚要睁开又想闭。正像那思妇梦中行万里，本想寻夫去处，却又被黄莺啼声惊唤起。我不怨杨花落尽，只怨那西园，落花难重缀。早晨一阵风雨，杨花踪迹何处寻？一池浮萍，全被雨打碎。满园春色分三成，两成变尘土，一成随流水。细细看，不是杨花，点点全是离人的泪。

杨树生长速度快、周期短，多用于用材林、薪炭林。杨树寿命能达到百年以上的较为罕见。遵化东新庄镇凯胜辉煌水泥制品厂院内有一株110年的加拿大杨。该树胸围达到3.32米，三个成年人合抱的粗度。

加杨（Populusx canadensis Moench.）喜光，杂交种优势明显，生长势和适应性均较强。树冠开展呈卵圆形；树皮灰褐色，粗糙，纵裂；叶近正三角形，长7~10厘米；花期4月，果熟期5月。系美洲黑杨与欧洲黑杨的杂交种，广植于欧、美、亚各洲，19世纪中叶引入我国，各地普遍栽植。

加杨树体高大，树冠宽阔，叶片大而具光泽，夏季绿荫浓密，很适合做行道树、庭荫树及防护林用，也是工矿区绿化及“四旁”绿化的好树种。木材轻软，纹理较细，易加工，可供建筑、造纸、包装箱等用材。

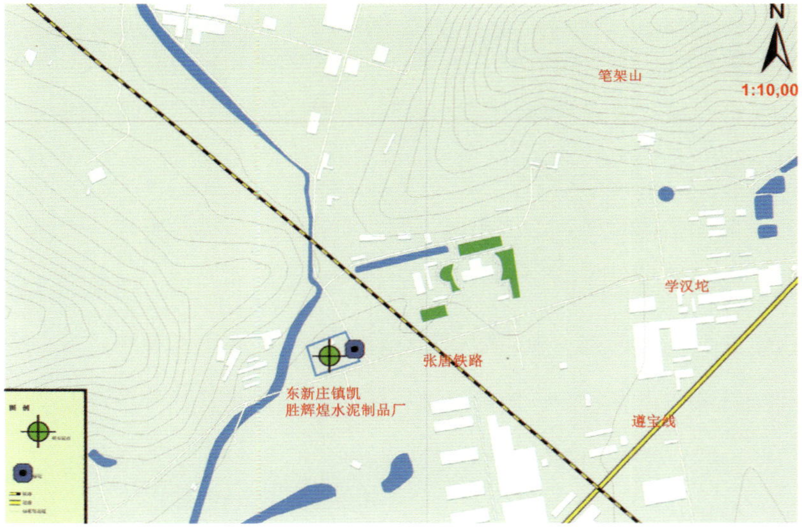

东新庄镇杨树古树分布图

中 文 名：杨树（品种：加杨）
小 地 名：东新庄镇凯胜辉煌水泥制品厂院内
古树编号：13028100100
拉丁文名：Populus L.
科　　属：杨科　杨属
保护等级：三级保护　古树

加拿大杨品种，三人合抱，胸围3.32米，树高18米，冠幅19米，树势生长健壮。管护人：张铁加。

东新庄镇凯胜辉煌水泥制品厂院内杨树古树

第十四篇

梨树

梨树（Pyrus L.），蔷薇科，梨属，多年生落叶果树，乔木。我国是梨属植物中心发源地之一，国内栽培的白梨、砂梨、秋子梨都原产我国。我国梨树栽培的历史在4000年以上。梨树是我国南北各地普遍栽培的果树之一，仅次于苹果和柑橘，在国内名列第三位。

梨资源丰富，主要做经济栽培的国内有5个种，分别为秋子梨、白梨、砂梨、洋梨和新疆梨。此外，杜梨（棠梨）、豆梨（鹿梨）、褐梨和川梨等野生种，常被用作梨的砧木。

白梨系统中的优良品种主要有鸭梨、茌梨、雪花梨、砀山白酥梨等。砂梨系统中的优良品种主要有翠伏梨、黄花梨、幸水、筑水、新世纪、菊水、晚三吉等。洋梨系统的代表品种是巴梨。秋子梨别名沙果梨、花盖梨、酸梨。

梨的诗情画意：

天下的花中，要说白，当数梨花。春风荡漾，梨树花开，千朵万朵，压枝欲低，白清如雪，玉骨冰肌，素洁淡雅，靓艳含香，风姿绰约，真有“占断天下白，压尽人间花”的气势。

“梨花风起正清明，游子寻春半出城”，古时候，每逢梨花盛开时节，人们最爱在花荫下欢聚，雅称“洗妆”。古人最爱用梨花作头饰，唐代侯穆赏梨花曾赋诗云：“共饮梨树下，梨花插满头。清香来玉树，白蚁泛金瓯。”

梨花白得清纯，白得无瑕，如雪一般晶莹；美而不娇，秀而不媚，倩而不俗，似玉一般纯洁，引起了诗人们的遐想。岑参在《白雪歌送武判官归京》中，把飞雪比作梨花：“北风卷地白草折，胡天八月即飞雪。忽如一夜春风来，千树万树梨花开。”以雪喻花，以花喻雪，具有异曲同工之妙。

但更妙的是“花开白雪香”，古人曾把雪与梅花做过对比，说“梅须逊雪三分白，雪却输梅一段香”，如将梨花与雪、梅相比，梨花既不逊雪之白，也不输梅之香。清代文学家李渔赞曰：“雪为天上之雪，梨花乃人间之雪；雪之所少者香，而梨花兼擅其美。”“云满衣裳月满身，轻盈归步过流尘”——夜色朦胧，星月临空，梨花似月若云在春风中轻盈舞蹈，偶有花瓣飘落，好似月光在闪烁，月色与梨花完全融合在一起了。这是一种多么美妙的境界呀，怎不令人心驰神往！

最妙的要数梨花经雨了。雨中梨花，尤其妩媚动人。白居易一句“玉容寂寞泪阑干，梨花一枝春带雨”，写杨贵妃在仙山上听说唐玄宗的使者到来时潸然泪下的仪容，形象生动，明丽动人，可谓写出了人间美色的极致。后人多沿此把雨中梨花比作美人垂泪，如宋代王洙《梨花》诗：“院落沉沉晓，花开白雪香。一枝轻带雨，泪湿贵妃妆。”

遵化市梨栽培历史悠久，著名的有平安城五座塔酸梨、铁厂酸梨、东旧寨河东酸梨、杨家峪狼窝酸梨等。每年4月铁厂镇都要举办梨花节，南七村的十里梨花沟漫山遍野梨花开，圣洁而壮观，吸引了无数京、津、唐、承、秦等地游客游玩。

1. 平安城镇东梁各庄酸梨（秋子梨）古树群

遵化平安城镇始建于我国唐朝初期。据《天府广记》记载：“县西南五十里有平安城，唐王征东时建。”相传，平安城原名温泉乡，李世民征东时路过此地，在此养病。养病期间，命令士兵兜土筑城。李世民病愈后，命名此地为平安城。

平安城镇东梁各庄为自然行政村，是遵化市和蓟州区的边界村，位于遵化市中心区西南偏北26.5公里处。该村于我国唐朝始建，梁氏迁此立庄，初取村名为梁先庄，以后改称梁各庄，因该村西6公里处有天津蓟州区的西梁各庄，故取对称村名为东梁各庄。在东梁各庄村正南方五个山峰上，曾坐落着宋朝时期建的五座塔，正南方为1号塔，往东面是4号塔和5号塔，往西是2号塔和3号塔，号称“京东五座塔”。据说，这五座塔主要是作为辽宋边境的料敌塔修建的，虽然也供奉着佛像，但主要作用是登高望远和军事防御。

在修建五座塔的山脚下，有一片千亩梨园，生长着茂盛的酸梨树，很多梨树树龄都在一二百年以上，有一棵老梨树已经有三百多年的树龄了。这里的梨树结的梨口感非常好，色泽金黄，皮薄肉细，香脆多汁，酸中带甜，用老百姓的话说就是“吃了还想吃”。当地没有污染，空气清新，气候适宜，土地水质都非常适合酸梨的生长，这里结出的酸梨，富含矿物质、蛋白质、碳水化合物和多种维生素，每年一下树便会被抢购一空。

当年慈禧太后到位于遵化境内的清东陵祭祖，时值4月，见路边满树梨花，赏心悦目，心情十分舒畅。但路途疲劳让人燥热口渴，老佛爷看到了梨花，就想吃酸梨解解渴，于是便下令派随行人员去找寻。这个季节，到哪里才能找到好吃的酸梨呢？于是向附近百姓打听，得知清东陵南面有一处山坡，那里长出的酸梨非常好吃。于是，军士们便快马加鞭一路向南，最后，来到了平安城镇的东梁各庄村，找到了村南长满梨树的山坡。他们走到山脚下一间茅草屋前，见篱笆院子里有一位青年和一位老婆婆，便上前讨碗水喝。老婆婆一看军士们身着铠甲，手牵骏马，不敢怠慢，忙对青年说：“柱子，快去取水，把咱家地窖里的梨子也取来请军爷们解渴。”

柱子应着，很快取来了水和一篮子酸梨。军士们一见万分欣喜，真是“踏破铁鞋无觅处，得来全不费工夫”，只见这酸梨皮色金黄，煞是好看，禁不住拿起咬了一口，只感觉酸中带甜，入口生津，神清气爽，忙询问哪里来的这么好吃的酸梨。柱子说：“我奶奶年老体弱，常年口干，只有经常吃些酸梨才舒服些。我每年都要从山坡上的梨树上摘上几筐，放在地窖里储藏起来，供奶奶食用。这些酸梨比别处的酸梨容易储藏，只要保存好了，能从下树吃到来年开春。”军士们听了，说明来意。老婆婆和柱子得知是当今太后要吃酸梨，惊喜万分，忙又挑了些梨子献给太后品尝。

慈禧太后品尝了酸梨后，连连称赞，在宫里此时可吃不到这么爽口的水果。得知这些梨是晚辈为了孝敬老人特意储存的，更是赞叹不已，便命人给柱子家送去了金银，奖赏他的孝道，还下旨每年开春都要精选酸梨送进宫中。自此，东梁各庄的酸梨便有了“天下第一梨”的美誉。从东梁各庄千亩梨园南望，便见南山由东往西，山顶依次排列五个山尖，是过去“京东五座塔”的所在。由于此地百年古梨树结出的果实皮薄肉嫩，酸中带甜，酸甜可口，连慈禧太后都赞不绝口，故东梁各庄以“京东五座塔，天下第一梨”享誉天下。

如今，“京东五座塔”酸梨最著名的是村民于广周的百年酸梨古树群，该园共有百年以上酸梨树7株，其中一株树龄为300年。

东梁各庄酸梨（秋子梨）古树1号

东梁各庄酸梨（秋子梨）古树2号

东梁各庄酸梨（秋子梨）古树3号

东梁各庄酸梨（秋子梨）古树4号

东梁各庄酸梨（秋子梨）古树6号

东梁各庄酸梨（秋子梨）古树5号

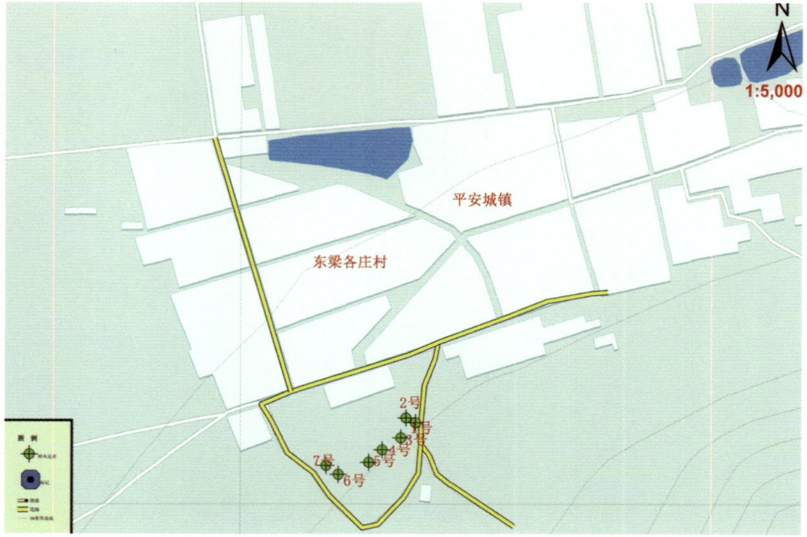

东梁各庄酸梨（秋子梨）古树分布图

东梁各庄酸梨（秋子梨）古树7号

中 文 名：梨树（品种：酸梨、安梨）
小 地 名：东梁各庄村于广周梨园
古树编号：13028100050（2号）、13028100051（5号）
古树群号：130281Q0050（群内7株）
拉丁文名：*Pyrus ussuriensis* Maxim.
科　　属：蔷薇科　梨属
保护等级：三级保护　古树

1号古树，进入梨园门口的第一株。树高4米，胸围1.8米，东西冠幅8米，南北冠幅5米，年产量300～400斤。估测树龄240年。

2号古树，位于看护房西侧，进门第二株古树。树高8米，胸围2.1米，东西冠径13米，南北冠径15米，年产量约1500～1600斤，估测树龄300年。保护等级：三级。奥维经纬度：117.723983，40.085168。海拔50米。

3号古树，品种热酸梨（酸梨的一个变种），树高7米，胸围1.6米，冠幅10米，年产量600斤。估测树龄200年。

4号古树，树高7米，胸围1.9米，冠幅11米，年产量1000斤。估测树龄260年。

5号古树，胸围1.9米，树高8米，平均冠径10米，年产量800～1000斤。估测树龄260年。奥维经纬度：117.7723420，40.084844。

6号古树，树高树高8米，冠幅10米，年产量600斤。估测树龄200年。

7号古树，树高8米，胸围1.6米，冠幅8米，年产量500斤，估测树龄200年。

2. 东旧寨镇河东村酸梨

中 文 名：梨树（品种：酸梨、安梨）
小 地 名：东旧寨镇河东村北山
古树编号：13028100070（1号）、13028100071（2号）、
13028100072（3号）、13028100073（4号）、
13028100069（5号）、13028100068（6号）
拉丁文名：*Pyrus ussuriensis* Maxim.
科　　属：蔷薇科　梨属

1号古树，树高4米，胸围1.68米，平均冠幅6米，年产量80斤。估测树龄160年。奥维经纬度：118.153517，40.155105。海拔126米。三级保护。

2号古树，树高7米，胸围1.63米，冠幅9米，年产量100斤。估测树龄150年。奥维经纬度：118.153410，40.155417。海拔128米。三级保护。

3号古树，树高9米，胸围2.3米，冠幅7米，年产量1000斤。估测树龄300年。奥维经纬度：118.153131，40.156327。海拔132米。二级保护。

4号古树，树高8米，胸围2.4米，冠幅10米，年产量600斤。估测树龄300年。奥维经纬度：118.153936，40.156229。海拔134米。二级保护。

5号古树，酸梨变种枣梨，胸围1.72米，树高6米，平均冠径9米，年产量80斤。估测树龄200年。奥维经纬度：118.153785，40.155015。海拔126米。三级保护。

6号古树，胸围1.68米，树高4米，平均冠径6米，年产量100斤。估测树龄260年。奥维经纬度：118.152391，40.154335，海拔118米。三级保护。

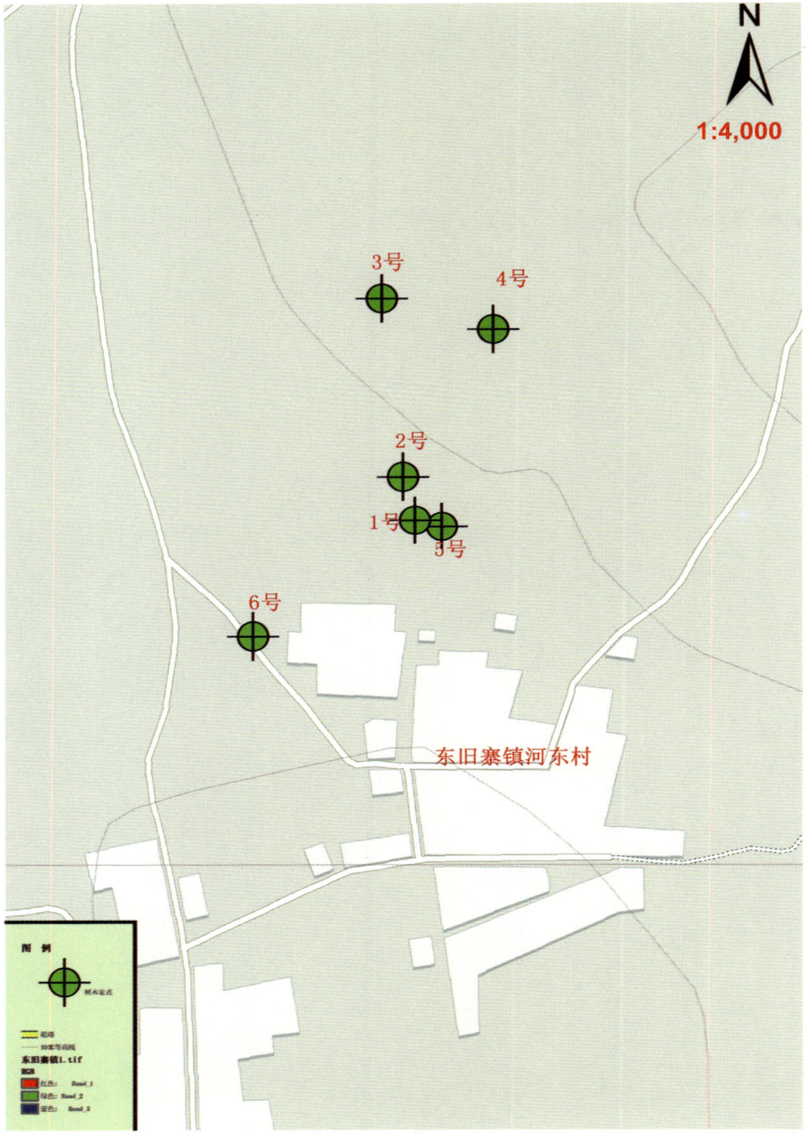

河东村酸梨（秋子梨）古树群分布图

河东村酸梨（秋子梨）古树1号

河东村酸梨（秋子梨）古树2号

河东村酸梨（秋子梨）古树3号

河东村酸梨（秋子梨）古树5号

河东村酸梨（秋子梨）古树4号

河东村酸梨（秋子梨）古树6号

3. 铁厂镇刘窝村酸梨

中 文 名：梨树（品种：酸梨、安梨）
小 地 名：铁厂镇刘窝村大城峪
古树编号：13028100112
拉 丁 名：Pyrus ussuriensis Maxim.
科　　属：蔷薇科　梨属
保护等级：二级保护　古树

铁厂镇南七村的酸梨、甜梨远近闻名，刘窝村是南七村中梨树面积最多、果品质量最好的村。村民刘连鹏的这株古树胸围1.9米，树高4米，冠幅7米，海拔136米。奥维经纬度：118.148497，40.047436。树体历尽沧桑，中心主干已经折断，树干有一个大的树洞，该树只有一个向西延伸的主枝，估测树龄350年。这株树的酸梨皮薄汁多，石细胞少，甜酸可口。

铁厂镇刘窝村酸梨古树

铁厂镇刘窝村酸梨古树树干

中 文 名：梨树（品种：白梨、甜梨）
小 地 名：铁厂镇刘窝村村西北
古树编号：13028100044
拉丁文名：Pyrus ussuriensis Maxim.
科　　属：蔷薇科　梨属
保护等级：三级保护　古树

该树位于村西北，生长健壮，主干上分五大主枝，古朴苍劲。树胸围1.74米，树高8米，冠幅9米，海拔126米。估测树龄150年。奥维经纬度：118.154386，40.045842。西安80坐标：20597843，4435083。

铁厂镇刘窝村村西北酸梨古树(一)

铁厂镇刘窝村村西北酸梨古树(二)

中 文 名：梨树（品种：酸梨）
小 地 名：铁厂镇刘窝村村内
古树编号：13028100043
拉丁文名：Pyrus ussuriensis Maxim.
科　　属：蔷薇科　梨属
保护等级：三级保护　古树

该树位于村北，生长良好，主干中部以上形成歪脖树，古风古韵。树胸围1.78米，树高10米，冠幅16米，海拔123米，估测树龄150年。奥维经纬度：118.159533，40.043218。西安80坐标：20598288，443，4817。

铁厂镇刘窝村村内酸梨古树

铁厂镇刘窝村酸梨古树分布图

4. 党峪镇杨家峪村狼窝酸梨

杨家峪狼窝酸梨古树1号

杨家峪狼窝酸梨古树1号胸围3.45米

杨家峪狼窝酸梨古树2号

杨家峪狼窝酸梨古树分布图

杨家峪狼窝酸梨古树3号

中 文 名：梨树（品种：白梨、甜梨）
小 地 名：党峪镇杨家峪村狼窝酸梨
古树编号：13028100130～13028100132
拉丁文名：*Pyrus ussuriensis* Maxim.
科　　属：蔷薇科　梨属
保护等级：二级保护　古树

13028100130（1号），树主杨景春。胸围3.45米，树高10米，冠径10米，年产量400斤。估测树龄400年。海拔138米。奥维经纬度：117.990643，40.024792。

13028100131（2号），胸围2.41米，树高7米，冠径9米，年产量800斤。估测树龄350年。海拔128米。奥维经纬度：117.990214，40.025281。

13028100132（3号），胸围2.43米，树高9米，冠径12米，年产量2000斤。估测树龄350年。海拔138米。奥维经纬度：117.982864，40.028305。

党峪镇杨家峪村盛产酸梨，该村占地面积2.3万亩左右，90%为山地，这里的酸梨以皮薄、汁多、味甜而闻名。该村百年以上古梨树1000株左右。

第十五篇

核桃

核桃（Juglans regia L.），又称胡桃、羌桃。胡桃科，胡桃属。与扁桃、腰果、榛子并称“四大干果”。雌雄同株，核果或坚果。核桃有8属约50种，中国有7属25种，引入2种。原产中国新疆及阿富汗、伊朗一带，传为汉使张骞带入内地。西晋张华撰《博物志》中有“张骞使西域，还得核桃种”一语。中国有2000多年的栽培历史，各地广泛栽培。

核桃生长快、怕水淹，耐干冷，不耐水湿。核桃树含单宁较多，嫁接多不容易成活，嫁接季节以及快速熟练的技术是嫁接成活的关键。核桃树冠庞大优美，枝叶茂密，树干灰白整洁，是良好的街道、庭院的庭荫树。行道树多选用干性强的品种。核桃树是园林绿化和经济林相结合的树种，既可绿化美化，果实又可以产生很大效益。核桃仁富含蛋白质、脂肪和多种维生素，对人有滋补强壮作用，有“万岁子”“长寿果”“养生之宝”的美誉。核桃中的脂肪86%是不饱和脂肪酸。中医认为核桃味甘，性平、温，无毒，微苦，微涩；入肾、肺、大肠经；可补肾、固精强腰，温肺定喘，润肠通便。主治肾虚喘嗽、腰痛。分心木（核中木质隔层）味苦，性温，可补肾涩精。

核桃果

核桃全身都是宝，花、果、叶的挥发性气味具有杀菌、杀虫的保健功效。核桃油为高级食用和工业用油；核桃仁及仁间隔为中药；核壳可制作活性炭；树皮、果皮可提取栲胶；木质优良，为高级家具、工艺、军工品制作用材。

1. 铁厂镇铁厂村核桃

中 文 名：核桃（别名：胡桃）
小 地 名：铁厂镇铁厂村内张家车店
古树编号：13028100113
拉丁文名：Juglans regia L.
科　　属：胡桃科　胡桃属
保护等级：二级保护　古树

该树位于村北，生长良好，主干中部以上形成歪脖树，古风古韵。树胸围3.5米，树高10米，冠幅15米，海拔88米。估测树龄400年。据说，此树为明代栽植。遭到过两次雷劈，死了两个大的枝杈。

铁厂村张家车店核桃古树分布图

铁厂村张家车店核桃古树

2. 娘娘庄乡芦北山村核桃

娘娘庄乡芦北山村内核桃古树

娘娘庄乡芦北山村内核桃古树树干

娘娘庄乡芦北山村内核桃树分布图

中 文 名：核桃（别名：胡桃）
小 地 名：娘娘庄乡芦北山村内
古树编号：13028100028
拉丁文名：Juglans regia L.
科　　属：胡桃科　胡桃属
保护等级：三级保护　古树

该树位于村内，生长良好，主干上部生出红褐色腐生菌。树高13米，胸围2.32米，冠幅16米，海拔81米。估测树龄200年。

3. 小厂乡寨主沟村核桃

中 文 名：核桃（别名：胡桃）
小 地 名：小厂乡寨主沟村
古树编号：13028100127
拉丁文名：*Juglans regia* L.
科　　属：胡桃科　胡桃属
保护等级：二级保护　古树

小厂乡寨主沟村核桃树，位于该村主路路北，胸围3.1米，高14米，树龄300年，东西冠径14米，南北冠径17米。树势健壮，二级古树。奥维经纬度：118.071098，40.310327。海拔334米。

小厂乡寨主沟村核桃古树分布图

小厂乡寨主沟村核桃古树

4．地北头镇鲁北峪村核桃

地北头镇鲁北峪村核桃古树（一）

地北头镇鲁北峪村核桃古树（二）

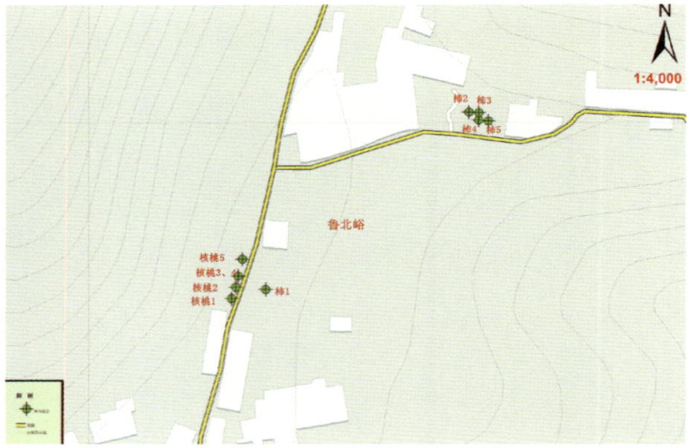

鲁北峪村核桃古树分布图

中 文 名：核桃（别名：胡桃）
小 地 名：地北头镇鲁北峪村
古树编号：13028100054～13028100058
拉丁文名：Juglans regia L.
科　　属：胡桃科　胡桃属
保护等级：三级保护　古树

地北头镇鲁北峪村核桃树，位于该村主路路西。

13028100054（1号），树高8米，胸围1.78米，冠幅18米。估测树龄160年。奥维经纬度：117.932879，39.981605。海拔94米。

13028100055（2号），树高13米，胸围1.85米，冠幅16米。估测树龄160年。奥维经纬度：117.932911，39.981757。海拔94米。

13028100056（3号），树高14米，胸围2.03米，冠幅15米。估测树龄160年。奥维经纬度：117.932962，39.981860。海拔94米。

13028100057（4号），树高10米，胸围1.6米，冠幅15米。估测树龄160年。奥维经纬度：117.932962，39.981860。海拔9米。

13028100058（5号），树高16米，胸围2.1米，冠幅16米。估测树龄160年。奥维经纬度：117.932991，39.981934。海拔94米。

5. 兴旺寨乡西达峪村核桃

西达峪村核桃古树

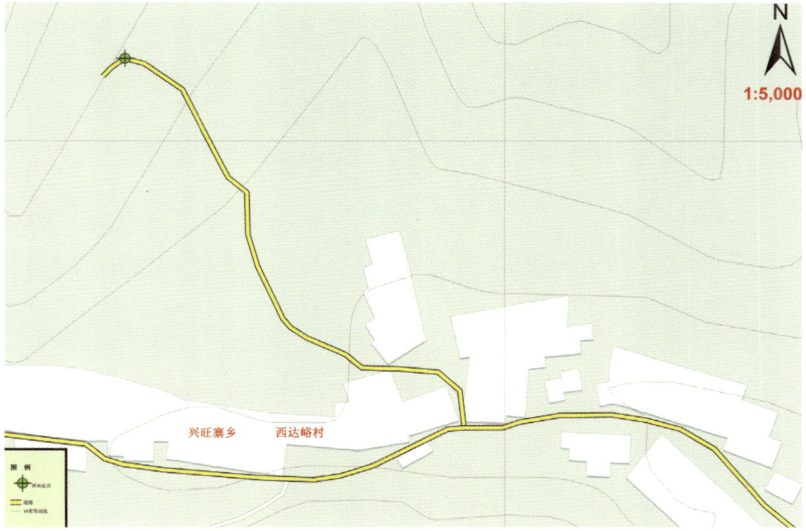

西达峪村核桃古树分布图

中 文 名：核桃（别名：胡桃）

小 地 名：兴旺寨乡西达峪村八叉沟

古树编号：13028100129

拉丁文名：Juglans regia L.

科　　属：胡桃科　胡桃属

保护等级：二级保护　古树

该树位于兴旺寨乡西达峪村北山八叉沟，树胸围3.5米，树高14米，冠幅22米。奥维经纬度：117.847241，40.237261。海拔144米。估测树龄310年。

第十六篇

榆树

榆树（Ulmus pumila L.），别名：白榆，家榆。榆科，榆属，落叶乔木。树皮暗灰色，纵裂，粗糙。小枝灰色，细长。叶卵状长椭圆形，叶缘有不规则单锯齿。早春叶前开花，簇生于去年生枝上。翅果近圆形，种子位于翅果中部。花期3～4月，果4～6月成熟。

产于华北、东北、西北及华东等地，华北及淮北平原地区栽培普遍。习性喜光，耐寒，抗旱，能适应干凉气候；喜肥沃、湿润而排水良好的土壤，不耐水湿，但能耐干旱瘠薄和盐碱土。生长较快，寿命可达百年以上。主根深，侧根发达，抗风、保土能力强，对烟尘及氟化氢等有毒气体抗性较强。

观赏特性及园林用途：榆树树干通直，树形高大，绿荫较浓，适应性强，生长快，是城乡绿化的重要树种，常栽植作行道树、庭荫树、防护林及“四旁”绿化用。在干瘠、严寒之地常呈灌木状，有用作绿篱者。又因其老茎残根萌芽力强，可自野外掘取制作盆景。林业上是营造防风林、水土保持和盐碱地造林的主要树种之一。

榆树苗

经济用途：木材纹理直，结构较粗，但很坚韧，可供家具、农具、车辆、建筑等用。幼叶、嫩果可食；树皮磨粉可救荒。果、树皮、叶均可入药。此外，榆树是重要蜜源植物之一。

寨主沟村南榆树古树

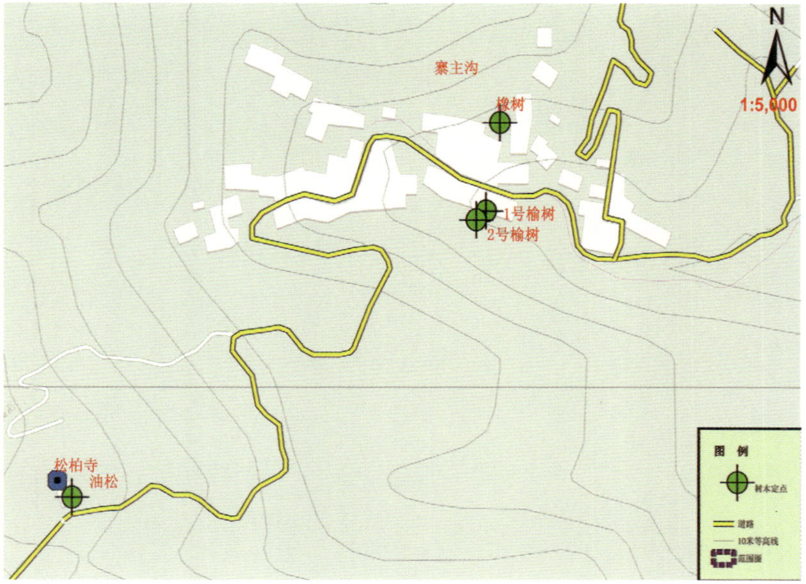

寨主沟村南榆树古树分布图

中 文 名：榆树（别名：白榆、家榆）

小 地 名：小厂乡寨主沟村南

古树编号：13028100048、13028100128

拉丁文名：Ulmus pumila L.

科　　属：榆科　榆属

保护等级：三级保护　古树

13028100048（1号），胸围3.2米，树高17米，平均冠幅18米。估测树龄120年。奥维经纬度：118.060289，40.308738。海拔379米。

13028100128（2号），胸围2.5米，树高16米，冠幅21米，估测树龄120年。奥维经纬度：118.060139，40.308715。海拔379米。

第十七篇

石榴

石榴（Punica granatum L.），别名安石榴、海榴。石榴科，石榴属，落叶灌木或小乔木，叶在长枝上对生，在短枝上簇生；花朱红色，径约3厘米；花萼钟形，紫红色，质厚；浆果近球形，径6～8厘米，古铜黄色或古铜红色，具宿存花萼；花期5～6月，果9～10月成熟。原产阿富汗和伊朗；汉代张骞通西域时引入我国，至今已有2000多年的栽培历史，黄河流域及其以南地区均有栽植。西晋张华的《博物志》以及《广群芳谱》上均有记载："有汉张骞出使西域，得涂林安石榴种以归，名为安石榴。"据考，石榴传入我国，并非西域一路，西南及沿海诸地，就有由海路引入的。

石榴属浆果，多籽。籽粒多汁，被称为"水晶玉珠"。营养丰富，滋补身体，可止渴生津，助消化，又可入药，有润燥和收敛之效。果皮内富含单宁，平均含量在22%，是鞣皮业、棉毛印染业的天然原料，亦可入药，有止泻痢之效；根可除绦虫；枝条柔韧修长，可编织筐、篓、篮等；叶煮水可洗眼。

《食货书》则另有别论："凡榴多食者损肺及齿，服食家忌之。"——看来错在多食。《太平府志·物产》还记载："酸者入药，花可治血衄，壳可治漏精。"石榴树姿优美，叶碧绿而有光泽，嫩枝幼叶紫红如染；花色艳丽如火而花期极长，给人以热烈豪放之感。石榴作为水果与花卉历来深受人们的喜爱，被称为"天下之奇树，九州之名果"，引得不少文人墨客大费笔墨。唐代杰出诗人杜牧写得最为出色，其《山石榴》诗曰：

似火石榴映小山，繁中能薄艳中闲。

一朵佳人玉钗上，只疑烧却翠云环。

石榴是优秀的庭院绿化树种，北方多为盆栽，冬季上冻前应搬入房内或者入地窖防寒，或者室外扣棚防护。石榴冬季不适应过热气候，-4℃～4℃气温最适合石榴越冬及花芽分化。

北方石榴在室外能生长到百年以上的，堪称珍品。

马兰峪镇王卫民家中有两株百年以上庭院石榴树，东西对称栽植，树姿丰满，果实累累。

遵化市凯歌实业集团有限公司院内有两株百年以上庭院石榴树，东西对称栽植，树姿丰满，干形奇特。

石榴

1. 马兰峪镇峪四村王卫民家石榴

峪四村王卫民家石榴1号

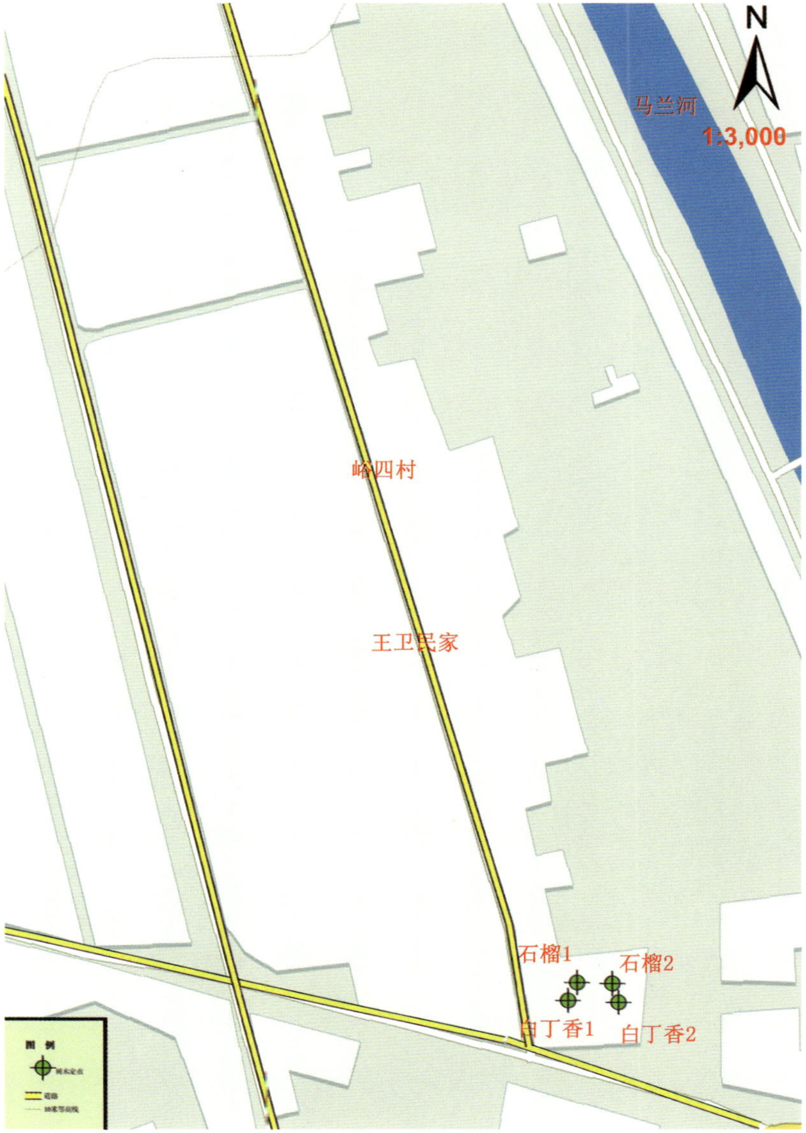

马兰峪镇峪四村王卫民家石榴分布图

峪四村王卫民家石榴2号

中 文 名：石榴（别名：安石榴）
古树编号：13028100102～13028100103
拉丁文名：*Punica granatum* L.
科　　属：石榴科　石榴属
小 地 名：马兰峪镇峪四村王卫民家
保护等级：三级保护　古树　庭院珍品

13028100102（1号），位于庭院房前西侧，地围1.32米，高2.7米，冠幅4.2米，树势健壮，树冠丰满优美。树龄110年。

13028100103（2号）位于庭院房前东侧，地围1.57米，高3.4米，冠幅4.5米，树势健壮，树冠丰满优美。树龄110年。

2. 遵化市凯歌集团实业有限公司院内石榴

凯歌集团实业有限公司院内石榴1号

凯歌集团实业有限公司院内石榴2号

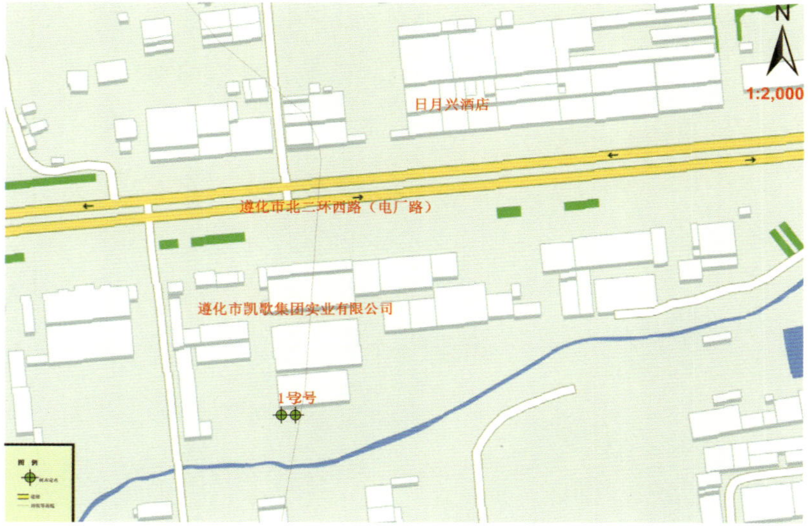

凯歌集团实业公司院内石榴分布图

中 文 名：石榴（别名：安石榴）
古树编号：13028100109～13028100110
拉丁文名：*Punica granatum* L.
科　　属：石榴科　石榴属
小地名：遵化市凯歌集团实业有限公司院内
保护等级：三级保护　古树　庭院珍品

13028100109（1号），位于庭院房前西侧，地围0.84米，高3.4米，冠幅3.4米，树势健壮、干形扭曲奇特。树龄100年。

13028100110（2号），位于庭院房前东侧，地围0.82米，高3.6米，冠幅4米，树势健壮、树冠丰满优美。树龄100年。

第十八篇

紫丁香

紫丁香（Syringa oblata Lindl.），木犀科，丁香属。落叶灌木或小乔木。又称丁香、华北紫丁香、百结、情客、龙梢子。紫丁香原产中国华北地区，在我国已有1000多年的栽培历史，是名贵花卉。紫丁香的叶可以入药，味苦，性寒，有清热燥湿的作用，民间多用于止泻。紫丁香鲜叶制成的溶液，对弗氏痢疾杆菌进行体外抑菌试验，效果较强；用于防治菌痢，既经济，又便于推广。用紫丁香叶治疗急性黄疸型肝炎，其疗程短，退黄作用显著。以紫丁香叶的浸膏制成的片剂肝特灵片，可治疗急性黄疸型肝炎，临床应用安全，无毒性，有疗效。

紫丁香的花于春季盛开，香气浓烈袭人。由于丁香花朵纤小文弱，花筒稍长，故给人以欲尽未放之感。宋代王十朋称丁香“结愁千绪，似忆江南主”。历代咏丁香诗，大多有典雅庄重、情味隽永的特点。唐宋以来，诗人常常以丁香花含苞不放比喻愁思郁结，难以排解，用来写夫妻、情人或友人间深重的离愁别恨。

马兰峪镇峪四村王卫民庭院内有两株百年以上的白丁香。

白丁香（Syringa oblata Lindl. var.alba Rehd.）是紫丁香变种之一，与紫丁香主要区别是叶较小，叶面有疏生绒毛，花为白色。叶片纸质，单叶互生。有微柔毛，先端锐尖。花白色，有单瓣、重瓣之别，圆锥花序。花期4～5月。

白丁香的花，密而洁白，素雅而清香，适于庭园观赏，还可以用作鲜切花。也许是因为它高贵浓烈的香味，丁香花有“天国之花”之称，自古就备受珍视。

江头五咏·丁香

［唐］杜甫

丁香体柔弱，乱结枝犹垫。
细叶带浮毛，疏花披素艳。
深栽小斋后，庶使幽人占。
晚堕兰麝中，休怀粉身念。

峪四村王卫民家紫丁香1号

峪四村王卫民家紫丁香2号

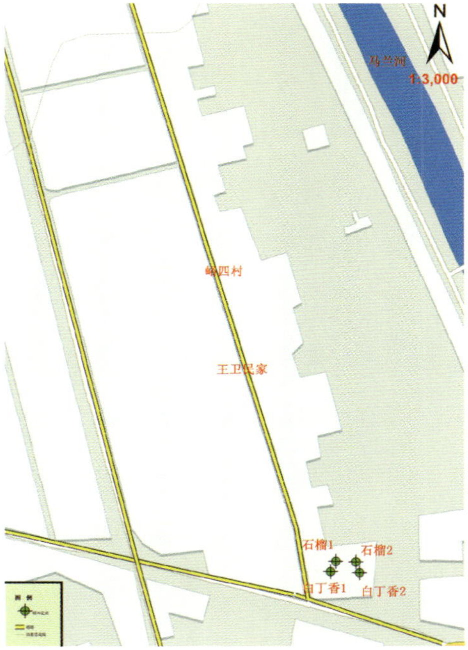

峪四村王卫民家紫丁香分布图

中 文 名：紫丁香（变种：白丁香）
古树编号：13028100104～13028100105
拉丁文名：Syringa oblata Lindl.
科　　属：木犀科　丁香属
小地名：马兰峪镇峪四村王卫民家
保护等级：三级保护　古树　庭院珍品

13028100104（1号），位于庭院房前西侧，地围1.5米，高2.1米，冠幅4米，树势健壮，树冠丰满优美。树龄110年。

13028100105（2号），位于庭院房前东侧，地围1米，高1.7米，冠幅6米，树势健壮，树冠丰满优美。树龄110年。

第十九篇

丝棉木

中文名：丝棉木（别名：白杜、明开夜合）。拉丁文名：Euon ymus bungeanus Maxim。卫矛科，卫矛属，落叶小乔木，树冠优雅，老树具纵状沟裂，小枝细长，近四棱形，每边各有白线。叶对生，卵状椭圆形，先端渐尖，边缘具细齿，纸质，叶片下垂，秋季变红色。伞状花序，腋生，具花3~7朵，花小，淡绿色。蒴果粉红色，具四裂，有红色假种皮，每到冬季红果挂枝，特别娇美，在树上悬挂长达2个月之久，引来鸟雀成群，很具观赏价值，是园林绿地的优美观赏树种。主要品种有金叶、彩叶、常青丝棉木。可入药，有祛风除湿、解毒止血之功效。园林中无论孤植还是栽于行道，皆有风韵。产中国北部、中部及东部，辽宁、河南、山东、浙江、福建等地均有分布。

丝棉木

有诗云：

芳姿窈窕丝棉木，倩影婀娜假卫矛。
花绿玉雕馨夏树，果形琼琢丽秋梢。
开怀乐见群蜂舞，悦耳欣闻小鸟啁。
至爱还缘三九雪，红装素裹赛仙娇。

（来自“诗野81的博客”）

李庄子村小学院内丝棉木古树

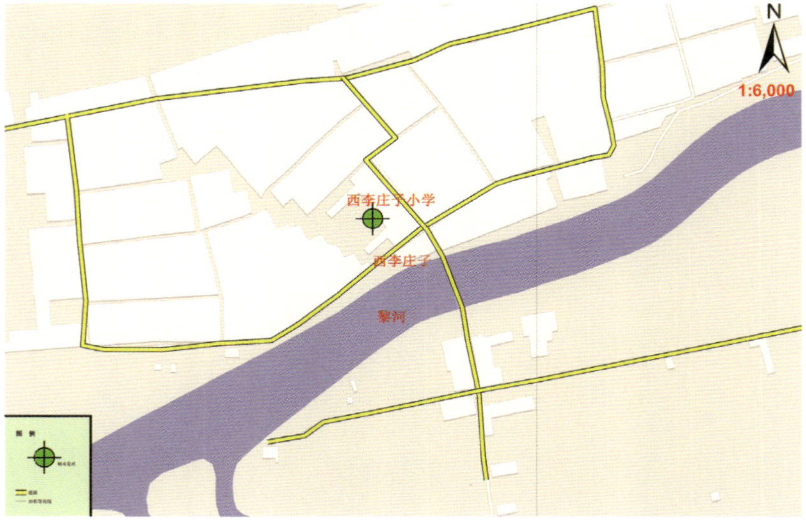

李庄子村丝棉木古树分布图

中 文 名：丝棉木（别名：白杜，明开夜合）
小 地 名：平安城镇李庄子村小学
古树编号：13028100101
拉丁文名：Euon ymus bungeanus Maxim.
科　　属：卫矛科　卫矛属
保护等级：三级保护　古树

丝棉木古树位于平安城镇李庄子村小学院内。胸围1.5米，树高10米，冠径11米，海拔27米。估测树龄110年。

作为小乔木，能够长到百年以上的丝棉木非常罕见，具有较高的种质资源保存价值。在没确定此树种前，该村都称此树为“唐槐”。

第二十篇

柿树

柿树（Diospyros kaki Thunb.），柿树科，柿树属。落叶乔木。树皮暗灰色，方块状开裂。雌雄异株或同株。花冠钟状，黄白色，呈小聚伞花序。雌花单生叶腋。浆果扁球形、圆卵形或扁圃方形，因品种而异，熟时橙红至橘黄色，宿萼称柿蒂，肥厚木质。花期5～6月，果期9～10月。

柿树喜温，耐旱不耐碱，不耐严寒，寿命长，生长快。原产于我国，华北栽培普遍，主要分布在山区。

柿树树姿优美，秋季果黄如金，叶红似丹，恰如李益诗“柿叶翻红霜景秋”、苏东坡诗“柿叶满庭红颗秋”的景象。柿树观赏期长，树叶落后柿果仍悬于树上。柿果味甜，营养丰富，可制柿饼、柿干、柿糕、柿酒、柿醋等，有降压、解酒、健胃功效，素有“晚秋佳果”的美称。“一年栽树，百年收益”，故称“铁杆庄稼”。叶可代茶，柿蒂、根、皮可入药。柿在成熟前含有大量单宁，单宁与柿果中的果胶物质经酵解后成柿漆，为良好的防腐剂。柿霜可治口疮、喉炎。柿树木材乌黑发亮，细致美观，坚韧实用，不翘不裂。

柿树最初处于野生状态，实生繁殖，自生自灭。汉晋时，人们见到柿果成熟后非常可爱，于是作为奇花异木向帝王进贡或向达官贵人送礼，栽于庭园之中，但数量极少，仅以其颜色或来源而称为山柿、朱柿。到南北朝时期，随着脱涩技术的发明，柿树便作为果树栽培，栽培面积扩大，遗传性状不断分离。又随着嫁接技术的发明，人们对变异性状进行筛选，选出来的大果和色泽性状陆续被固定下来，形成了许多性状不同的群体，根据其特征特性或产地命名为大柿、小柿、黄柿和红柿，这便是柿品种的雏形。

我国是世界上栽培柿树最早的国家。《礼记·内则》中记载，柿果是统治者用来祭祀、招待宾客的珍贵果品之一。在西汉司马相如的《上林赋》中，柿树作为皇帝御花园中的“异卉奇葩”而被记述。

古人还总结了柿树的“七绝”：多寿、多阴、无鸟巢、无虫蠹、霜叶可玩、佳食可啖、红叶临书。

柿树

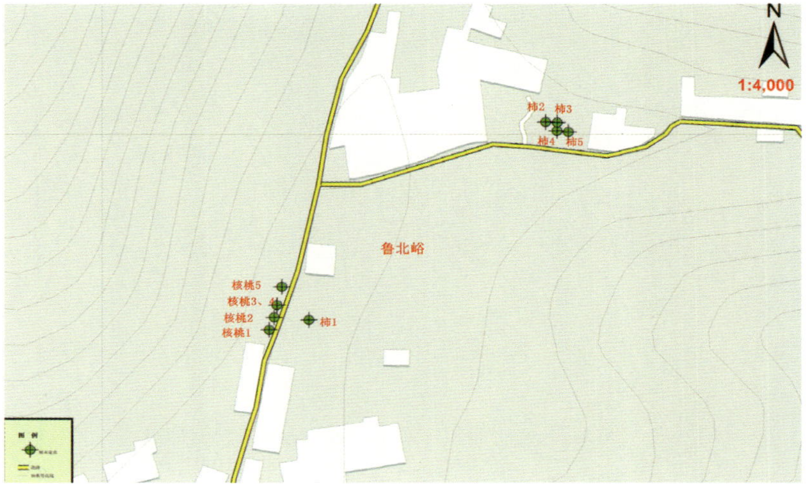

地北头镇鲁北峪村柿树古树分布图

地北头镇鲁北峪村柿树古树2号、3号、4号、5号

地北头镇鲁北峪村柿树古树1号

中 文 名：柿树（品种：磨盘柿）
小 地 名：地北头镇鲁北峪村
古树编号：13028100059～13028100063
拉丁文名：*Diospyros kaki* Thunb.
科　　属：柿树科　柿树属
保护等级：三级保护　古树

13028100059（1号），树高9米，胸围2米，冠幅9米，估测树龄160年，海拔97米。奥维经纬度：117.933319，39.981722。

13028100060（2号），树高11米，胸围1.4米，冠幅11米，估测树龄200年，海拔104米。奥维经纬度：117.936151，39.983561。

13028100061（3号），树高12米，胸围2.1米，冠幅8米，估测树龄200年，海拔104米。奥维经纬度：117.936221，39.983556。

13028100062（4号），树高12米，胸围1.2米，冠幅6米，估测树龄200年，海拔104米。奥维经纬度：117.936218，39.983512。

13028100063（5号），树高11米，胸围1.4米，冠幅9米，估测树龄200年，海拔104米。奥维经纬度：117.936295，39.983512。

据说，清军将领多尔衮带领15万精兵攻打明朝，当大军攻到遵化境内时粮草缺乏，每个士兵每天只能发两个甜香的柿子充饥，结果士兵们一鼓作气打到北京，建立了大清王朝，因此把柿子看成吉祥的象征。遵化的柿树主要分布在地北头、党峪、娘娘庄一带，个儿大，香甜，品质好，被称为磨盘柿。

第二十一篇

旱柳

旱柳（Salix matsudana Koidz.），别名：柳树、河柳。杨柳科，柳属。单叶互生，叶条状披针形。雌雄异株，雌株飘絮（种子）。为避免雌树飘絮污染环境，在繁殖上无性扦插雄株，推广栽植雄株。

旱柳喜阳光，耐寒冷干旱，分布于北美洲、欧洲及中国、日本等地，具有绿化、观赏价值。生长于海拔10米至3600米的地区，常生长在干旱地或水湿地。

据古代传奇小说《开河记》记述，隋炀帝登基后，下令开凿通济渠，虞世基建议在堤岸种柳，隋炀帝认为这个建议不错，就下令在新开的大运河两岸种柳，并亲自栽植，御书赐柳树姓杨，享受与帝王同姓之殊荣，从此柳树便有了“杨柳”之美称。

柳树的得名据说源自柳树的头木作业法。古代工具简陋，伐取粗大树干非常困难，而伐取两寸来粗的树枝则比较方便。因此，先民所用木材主要是两寸来粗的枝干。在长期实践中，人们发现，柳树伐过枝干后，茬口处能够萌生新枝条，而且新枝通直，更利于使用。在我国乡土树种中，柳树萌枝能力最突出。因此便形成了对柳树的头木作业，在一定高度截去树冠，促进新枝萌生，每隔几年伐取枝条利用。头木作业的结果是保留树干，以便持续利用枝条。这就是柳树得名的所在：“柳”字与“留”字读音相同，“柳树”就是“留树”，表示保留树干以便再次利用的一类树。

旱柳是传统乡土造林树种之一，是用材林、防护林和水土保持林的优良品种。木材轻软、韧性强、耐水湿，供建筑、制作家具、造纸等用；枝条可编筐，叶为饲料，花为蜜源，树皮可提制栲胶。

柳，婀娜多姿，受到历代文人墨客的青睐。

唐代著名诗人贺知章的《咏柳》最为著名，诗曰：

碧玉妆成一树高，万条垂下绿丝绦。
不知细叶谁裁出，二月春风似剪刀。

清代后期诗人高鼎有名的《村居》，诗曰：

草长莺飞二月天，拂堤杨柳醉春烟。
儿童散学归来早，忙趁东风放纸鸢。

毛泽东的名篇《蝶恋花·答李淑一》，词曰：

我失骄杨君失柳，杨柳轻飏直上重霄九。
问讯吴刚何所有，吴刚捧出桂花酒。

寂寞嫦娥舒广袖，万里长空且为忠魂舞。

忽报人间曾伏虎，泪飞顿作倾盆雨。

柳树为用材林树种，长到百年非常稀少。马兰峪镇马兰峪二村民族医院旧址（清十四王爷府）南行60米河旁有一株百年以上旱柳，该树长在河边桥头，古风古韵，潇洒飘逸。

马兰峪二村柳树古树

马兰峪二村柳树古树分布图

中 文 名：旱柳（别名：柳树、河柳）

小 地 名：马兰峪镇马兰峪二村民族医院旧址南60米

古树编号：13028100029

拉丁文名：Salix matsudana Koidz.

科　　属：杨柳科　柳属

保护等级：三级保护　古树

该树为马兰峪村民彭继东爷爷栽植，长在河边桥头，胸围3.4米，树高22米，冠幅12米。树形高大、苍劲古老。奥维经纬度：117.700776，40.186521。估测树龄130年，海拔90米。

附录一

古树名木保护管理机构

根据《国务院行政机构设置和编制管理条例》《中华人民共和国城市绿化条例》和《国务院关于开展全民义务植树运动的实施办法》这三部国家行政法律法规的有关规定设立全国绿化委员会。

1. 国家古树名木管理机构。全国绿化委员会是国务院设立的负责统一组织领导全民义务植树和全国城乡造林绿化工作的国务院行政机构，具有法定的行政管理职能。正部级单位。国务院主管副总理担任全国绿化委员会主任，国务院林业行政主管部门主要负责人担任全国绿化委员会常务副主任，国务院主管副秘书长、国家有关部（委、办、局）的有关领导任副主任和委员。

主要职责第九项：统一领导和组织开展全国各地古树名木的普查建档、挂牌围栏、复壮养护和制订法规等古树名木保护与管理工作。

2. 地方古树名木管理机构。省、市、县参照全国绿化委员会设立各级古树名木管理机构，行使相应职责。

3. 河北省人民政府令【2014】14号《河北省古树名木保护办法》，2014年12月12日由省长张庆伟签署，2015年2月1日起施行。这是目前为止河北省最新的古树名木保护办法。《办法》规定：

（1）县级以上人民政府环境保护、交通运输、水利、文物、规划等部门在各自职责范围内做好古树名木的保护管理工作。

（2）县级以上人民政府应当将古树名木保护纳入城乡总体规划，并将古树名木保护所需经费列入本级财政预算。

4. 遵化市古树名木管理机构。2018年正式成立遵化市古树名木保护领导小组。组长：董学忠（市长）。副组长：梁辉（市委常委、副市长）、曹贺龙（市人大常委会副主任）。成员：农办、林业局、宣传部、清东陵文管处、建设局、有关乡镇行政正职。领导小组办公室设在林业局，办公室主任由林业局局长单宝东同志兼任。

大美遵化（一）（翟小勇 摄）

附录二

古树名木的保护与管理

一、古树、名木的概念

根据河北省绿化委员会《河北省古树名木资源普查操作细则》（2016年11月）。

1. 古树：指树龄在100年以上的树木。分为三级，树龄500年以上的树木为一级古树，树龄在300～499年的树木为二级古树，树龄在100～299年的树木为三级古树。

2. 名木：指具有重要历史、文化、观赏与科学价值或具有重要纪念意义的树木。名木不分级，不受树龄限制。符合下列条件之一的树木属于名木的范畴：

（1）国家领袖人物、外国元首或著名政治人物所植的树木；

（2）国内外著名历史文化名人、知名科学家所植或咏题的树木；

（3）分布在名胜古迹、历史园林、宗教场所、名人故居等，与著名历史文化名人或重大历史事件有关的树木；

（4）属于世界自然遗产或世界文化遗产保护内容的标志性树木；

（5）树木分类中作为模式标本来源的具有重要科学价值的树木；

（6）其他具有重要历史、文化、观赏和科学价值或具有重要纪念意义的树木。

3. 古树群：指一定区域范围内由一个或多个树种组成、相对集中生长、形成特定生境的古树群体。

二、古树名木调查的重要内容

1. 数据。胸围（地围）、树高、冠幅、树龄、海拔、生长势。

2. 照片。全景、立地条件、主干、枝叶花果等。

3. 奥维地图奥维经纬度定位（唐山市林业局）。包括位置、村名、小地名、树主姓名、保护单位等内容。

4. 树种鉴定。

5. 历史典故与传说。

三、古树名木管理

重点参考园林学家、北京林业大学陈有民教授编著的《园林树木学》。

1. 古树衰老原因：任何树木都要经历生长、发育、衰老、死亡等过程，树木的衰老、死亡是客观规律。但是可以通过人为的措施延迟其衰老和死亡的进程。影响树木生长的因素除了客观因素外，还有以下因素：

（1）土壤板结，土壤通透性差。人类经常活动的地方，土壤表面会变硬，树木根部容易呼吸不畅，从而影响生长。

（2）树干周围水泥砖、沥青道路等铺装过大，仅有很小的树池，树木根系处于透气性极差的环境中而影响生长。

（3）土壤根部营养不足。古树长期生活在一个地方百年乃至上千年，根系在生长的新陈代谢过程中，不仅吸收土壤的水分和无机盐用于生长，而且不断地将树体的有害物质交换到土壤中，树木根系营养不良，则导致树木衰老。

（4）人为的损害。在古树根下乱堆石灰、水泥、建筑垃圾等容易造成树木死亡；还有好心办坏事的，比如，何庄子的800年酸枣树，自然生长在斜坡上，该村十年前为了更好地保护酸枣树，根据地形，给树修了个平台，里面填满黄土，树池是石头砌墙，并用水泥抹严实，结果是树势逐年衰弱，2017年调查时树木死亡。

（5）自然灾害。雷击、冰雹、雨涝、风折、干害、病虫害等都会造成古树树势衰弱。

2. 古树名木的复壮措施：

古树名木的养护涉及土壤、病虫、树木、植物、气象等多学科综合技术，应因地制宜采取措施。

（1）保持土壤的通透性。

一是在树冠投影范围内，加设与古典建筑相协调的栏杆。二是地面铺设有孔的透气砖，或者地面种草或栽植草皮。 三是用马路牙或者建低矮的（10~20厘米高）树池，半径应在1米以上。

（2）增加土壤养分。

一是可以采用在树冠投影范围内，尽量远离树干进行多点均匀（一般4~5个）地面垂直打孔施肥（螺旋式汽油打孔机1000元左右）。打孔深度60厘米左右，直径30~40厘米左右，选择腐熟的鸡、牛、羊等有机肥再均匀搅拌50克左右的氮磷钾肥，然后将有机肥灌入，踩实后浇水。二是地面改良土壤，种花种草。对于古树的地面土壤要进行适当改造改良，选择有营养、透气好的壤土进行地面改良，不宜盖土过厚，10~20厘米厚最好，在上面铺设草皮或者栽些小花，既补充土壤养分，又赏心悦目。

（3）支架支撑。古树由于年代久远，树干会中空，或者树冠失去平衡偏向一侧，需要用金属支架在关键部位进行支撑。

（4）堵树洞及树皮修复。

目前，我市很多古树树体呈现空洞，导致树体坚固性和抗折性能降低，遇有大风和车辆等外力作用，很容易折断死亡和伤及行人。威胁古树生命的就是树洞，洞不堵死，雨水就会进去导致大树腐烂。补好一个树洞就相当于做好一个外科手术。目前的方法是用植物树脂或者发泡剂进行封堵。向上承接雨水的树洞必须封堵，内部的树洞进行刮除消毒就可以了。

（5）衰弱古树换土、输液等维护措施。

1962年在故宫皇极门内有一棵古松，幼芽萎缩，叶子枯黄，好像被火烧焦了一样。职工们在树冠投影内，对大的主根部分进行换土。换土时深挖半米（随时将暴露出的根系用湿润的草袋子盖上），以原来的旧土与沙土、腐叶土、大粪、锯末、少量化肥混合均匀后填埋其上。换土半年后，古松重新长出新梢，地下部分长出2~3厘米的须根，终于死而复生。目前，故宫内凡是经过换土的古松，均已返老还童，郁郁葱葱，生机勃勃。此法值得学习推广。

古树病了、衰弱了，也要像人一样输液打针。液体有专门的“树木激活吊针液”或者生理盐水。打针前，需要在古树的树干上距地表60厘米以上（如果主干中空可以在主枝上）用电钻打一个不深不浅的洞，45度角向下打，打孔深度4~5厘米。将吊针扎在木质和树皮之间，控制好滴入速度，液体会随着木质部导管系统通过蒸腾作用将水分和无机盐输送到树体的顶部（根部衰弱时可使用此法）。这个方法能起到快速恢复树势的作用。

四、古树名木的保护措施

1. 成立古树保护领导小组。

2. 制作、悬挂古树铭牌。

3. 古树（群）宣传碑、宣传牌。

4. 制作本地古树彩页画册及古树名木分布地图。

5. 动员遵化市知名企业出资保护古树。

对重点古树以及名木联系一个企业，建一个景观，制定一个养护方案。将企业文化和古树保护相结合，企业为古树投资，由专家组进行论证，由专业施工队进行施工。

大美遵化（二）（翟小勇 摄）

附录三

古树名木定点定位表

遵化市全景

古树名木编号	中文名	树龄（年）	树高（米）	胸（地）围（厘米）	冠幅（米）	奥维x（gcj–02）	奥维y（gcj–02）	西安80 X	西安80 Y	海拔（米）	具体生长位置	管护责任单位（人）	备注
13028100001	银杏	1900	10	200	10	118.019584	40.284561	20586042	4461467	212	遵化市侯家寨乡禅林寺	禅林寺管委会	一级
13028100002	银杏	1900	18	228	17	118.018766	40.285472	20585972	4461568	231	遵化市侯家寨乡禅林寺	禅林寺管委会	一级
13028100003	银杏	1900	11	177	18	118.018932	40.28592	20585985	4461618	234	遵化市侯家寨乡禅林寺	禅林寺管委会	一级
13028100004	银杏	1900	14	231	15	118.019061	40.28618	20585996	4461647	240	遵化市侯家寨乡禅林寺	禅林寺管委会	一级
13028100005	银杏	1900	17	330	28	118.018972	40.28654	20585988	4461686	250	遵化市侯家寨乡禅林寺	禅林寺管委会	一级
13028100006	银杏	1900	22	515	23	118.018723	40.285875	20585968	4461612	236	遵化市侯家寨乡禅林寺	禅林寺管委会	一级
13028100007	银杏	1900	11	330	15	118.018334	40.285979	20585934	4461624	242	遵化市侯家寨乡禅林寺	禅林寺管委会	一级
13028100008	银杏	1900	19	450	18	118.018315	40.286106	20585933	4461638	242	遵化市侯家寨乡禅林寺	禅林寺管委会	一级
13028100009	银杏	1900	15	313	21	118.017902	40.286337	20585897	4461663	248	遵化市侯家寨乡禅林寺	禅林寺管委会	一级
13028100010	银杏	605	14	170	13	118.017792	40.286775	20585887	4461712	262	遵化市侯家寨禅乡林寺	禅林寺管委会	一级
13028100011	银杏	605	15	123	10	118.017714	40.286714	20585881	4461705	261	遵化市侯家寨乡禅林寺	禅林寺管委会	一级
13028100012	银杏	605	15	146	11	118.017714	40.286714	20585881	4461705	261	遵化市侯家寨乡禅林寺	禅林寺管委会	一级
13028100013	银杏	1900	21	204	19	118.017111	40.287043	20585829	4461741	272	遵化市侯家寨乡禅林寺	禅林寺管委会	一级
13028100014	流苏	600	10	104	5	117.952652	40.281181	20580371	4461049	147	遵化市侯家寨乡罗文峪村	郭保有	一级
13028100015	侧柏	1800	15	273	8	118.042793	40.305402	20587983	4463796	512	遵化市侯家寨乡前山寨村	鹫峰山景区栖云寺管委会	一级
13028100016	侧柏	1800	16	375	12	118.042906	40.305383	20587992	4463794	512	遵化市侯家寨乡前山寨村	鹫峰山景区栖云寺管委会	一级
13028100017	侧柏	1800	16	253	12	118.042868	40.305324	20587989	4463788	512	遵化市侯家寨乡前山寨村	鹫峰山景区栖云寺管委会	一级
13028100018	银杏	1300	28	238	12	118.042852	40.305553	587987	4463813	514	遵化市侯家寨乡前山寨村	鹫峰山景区栖云寺管委会	一级
13028100019	侧柏	52	10	117	6	118.048986	40.113289	20588761	4442472	166	遵化市新店子镇沙石峪村	新店子镇沙石峪村	名木
13028100020	侧柏	51	12	130	8	118.049437	40.112821	20588799	4442420	157	遵化市新店子镇沙石峪村	新店子镇沙石峪村	名木

13028100021	国槐	500	9	245	9	117.979431	40.143985	20582811	4445835	45	遵化市新店子镇前杨庄村	新店子镇前杨庄村	一级
13028100022	银杏	150	15	137	12	117.966369	40.190029	20581646	4450939	57	遵化市胜利居委会	遵化市委	三级
13028100023	油松	150	7	170	10	117.966787	40.189594	20581682	4450891	56	遵化市胜利居委会	遵化市委	三级
13028100024	油松	300	13	210	11	117.96308	40.190328	20581366	4450970	53	遵化市和平居委会	遵化市幼儿园	二级
13028100025	国槐	800	14	275	16	118.089085	40.049714	20592261	4435447	96	遵化市娘娘庄乡丁各庄村	丁各庄村委会	一级
13028100026	国槐	800	15	406	20	118.125150	39.982645	20595435	4428038	112	遵化市娘娘庄乡黄土岭村	黄土岭村委会	一级
13028100027	国槐	800	10	283	14	118.122946	40.068712	20595126	4437592	179	遵化市娘娘庄乡上丁甲岭村	上丁甲岭村委会	一级
13028100028	核桃	200	13	232	16	118.094965	40.013042	20592813	4431381	81	遵化市娘娘庄乡芦北山村	芦北山村委会	三级
13028100029	柳树	130	22	340	12	117.700776	40.186521	20559015	4450333	90	遵化市马兰峪镇马兰峪二村	马兰峪二村彭继东	三级
13028100030	国槐	110	25	190	14	117.71897	40.22388	20560529	4454490	130	遵化市马兰峪镇平山寨村	平山寨村委会	三级
13028100031	国槐	300	27	240	15	117.721746	40.180693	20560804	4449696	82	遵化市马兰峪镇峪营房村	峪营房村刘宗义	三级
13028100032	侧柏	100	12	120	7	117.681458	40.218524	20557346	4453877	124	遵化市马兰峪镇马兰关一村	马兰关一村委会	三级
13028100033	黑枣	300	9	194	11	117.947309	40.046166	20580196	4434953	83	遵化市刘备寨乡安各寨村	安各寨村圣泉寺	二级
13028100034	桑树	150	10	240	14	117.911609	40.005548	20577198	4430415	64	遵化市刘备寨乡刘南山村	刘南山村民远兆付	三级
13028100035	国槐	1000	10	410	10	117.802625	40.084204	20567793	4439043	32	遵化市平安城镇寺下庄村	寺下庄村委会	一级
13028100036	国槐	1000	10	360	11	117.804170	40.204100	20567804	4452357	85	遵化市西下营乡东关村	西下营乡政府	一级
13028100037	侧柏	300	8	150	5	117.808507	40.254772	20568123	4457986	204	遵化市西下营乡双义村	双义村委会	二级
13028100038	板栗	300	10	250	16	117.820398	40.213006	20569180	4453361	99	遵化市西下营乡东沟村	东沟村民吴学博	二级
13028100039	板栗	360	8	326	18	117.82132	40.220408	20569252	4454184	132	遵化市西下营乡东沟村	东沟村民孟祥海	二级
13028100040	刺槐	110	12	150	6	117.926525	40.249476	20578189	4457510	240	遵化市西三里乡北峪村	北峪村民朱长生	三级
13028100041	板栗	120	8	200	13	117.937079	40.231614	20579107	4455535	91	遵化市西三里乡北峪村	北峪村民朱长生	三级
13028100042	板栗	100	13	210	10	117.936317	40.230471	20579044	4455408	83	遵化市西三里乡北峪村	北峪村民朱长生	三级
13028100043	秋子梨	150	10	178	16	118.159533	40.043218	20598291	4434806	136	遵化市铁厂镇刘窝村	刘窝村委会	三级

13028100044	白梨	150	8	174	9	118.154386	40.045842	20597847	4435091	126	遵化市铁厂镇刘窝村	刘窝村委会	三级
13028100045	侧柏	200	10	161	6	118.181798	40.058370	20600174	4436518	113	遵化市铁厂镇铁厂村	铁厂村张万夺	三级
13028100046	油松	1000	8	200	18	118.054533	40.305958	20588978	4463867	453	遵化市小厂乡寨主沟村	寨主沟村徐贺中	一级
13028100047	柞树	180	10	320	20	118.060589	40.309636	20589487	4464280	382	遵化市小厂乡寨主沟村	寨主沟村徐贺中	三级
13028100048	榆树	120	17	320	18	118.060289	40.308738	20589462	4464180	379	遵化市小厂乡寨主沟村	寨主沟村徐贺中	三级
13028100049	板栗	190	9	290	16	118.064111	40.30835	20589787	4464140	367	遵化市小厂乡寨主沟村	寨主沟村徐贺中	三级
13028100050	秋子梨	240	4	180	7	117.723983	40.085168	20561081	4439091	49	遵化市平安城镇东梁各庄村	东梁各庄村于广周	三级
13028100051	秋子梨	260	8	190	10	117.72342	40.084844	20561033	4439055	50	遵化市平安城镇东梁各庄村	东梁各庄村于广周	三级
13028100052	桑树	150	14	236	14	117.789448	40.199349	20566553	4451816	108	遵化市汤泉乡三义村	三义村民王立清	三级
13028100053	桑树	150	14	250	18	117.789879	40.198204	20566591	4451689	103	遵化市汤泉乡三义村	三义村民王立清	三级
13028100054	核桃	160	8	178	18	117.932879	39.981605	20579042	4427774	94	遵化市地北头镇鲁北峪村	鲁北峪村民刘维利	三级
13028100055	核桃	160	13	185	16	117.932911	39.981757	20579044	4427791	95	遵化市地北头镇鲁北峪村	鲁北峪村民李道林	三级
13028100056	核桃	160	14	203	15	117.932962	39.98186	20579049	4427802	96	遵化市地北头镇鲁北峪村	鲁北峪村民李道林	三级
13028100057	核桃	160	10	160	15	117.932962	39.98186	20579049	4427802	96	遵化市地北头镇鲁北峪村	鲁北峪村民李道林	三级
13028100058	核桃	160	16	210	16	117.932991	39.981934	20579051	4427810	96	遵化市地北头镇鲁北峪村	鲁北峪村委会	三级
13028100059	柿树	160	9	200	9	117.933319	39.981722	20579079	4427787	97	遵化市地北头镇鲁北峪村	鲁北峪村委会	三级
13028100060	柿树	200	11	140	11	117.936151	39.983561	20579319	4427993	104	遵化市地北头镇鲁北峪村	鲁北峪村委会	三级
13028100061	柿树	200	12	210	8	117.936221	39.983556	20579325	4427993	105	遵化市地北头镇鲁北峪村	鲁北峪村委会	三级
13028100062	柿树	200	12	120	6	117.936218	39.983512	20579325	4427988	105	遵化市地北头镇鲁北峪村	鲁北峪村委会	三级
13028100063	柿树	200	11	140	9	117.936295	39.983512	20579331	4427988	105	遵化市地北头镇鲁北峪村	鲁北峪村委会	三级
13028100064	核桃	110	9	158	16	118.154123	40.156213	20597665	4447345	134	遵化市东旧寨乡河东村	河东村委会	三级
13028100065	核桃	130	9	168	13	118.154644	40.155917	20597710	4447313	133	遵化市东旧寨乡河东村	河东村委会	三级
13028100066	核桃	150	8	252	13	118.154496	40.155558	20597697	4447273	131	遵化市东旧寨乡河东村	河东村委会	三级

13028100067	核桃	300	10	233	16	118.153502	40.153664	20597615	4447062	119	遵化市东旧寨乡河东村	河东村民李久江	二级
13028100068	秋子梨	260	3	168	6	118.152391	40.154335	20597519	4447135	118	遵化市东旧寨乡河东村	河东村民王国山	三级
13028100069	砂梨	200	6	172	9	118.153785	40.155015	20597638	4447212	126	遵化市东旧寨乡河东村	河东村民王国山	三级
13028100070	秋子梨	160	3	168	6	118.153517	40.155105	20597615	4447222	126	遵化市东旧寨乡河东村	河东村民王国山	三级
13028100071	秋子梨	150	7	163	9	118.15341	40.155417	20597605	4447256	128	遵化市东旧寨乡河东村	河东村民王国山	三级
13028100072	秋子梨	300	9	230	7	118.153131	40.156327	20597580	4447357	132	遵化市东旧寨乡河东村	河东村民王国山	二级
13028100073	秋子梨	300	6	240	5	118.153936	40.156229	20597649	4447347	134	遵化市东旧寨乡河东村	河东村民王国山	二级
13028100074	侧柏	318	13	200	6	117.702179	40.184925	20559136	4450156	97	遵化市清东陵文管处三皇庙	清东陵文管处	二级
13028100075	侧柏	318	11	200	6	117.702292	40.184935	20559146	4450157	97	遵化市清东陵文管处三皇庙	清东陵文管处	二级
13028100076	油松	180	14	165	10	117.690488	40.181455	558145	4449765	114	遵化市清东陵文管处二郎庙	清东陵文管处	三级
13028100077	板栗	1100	14	528	17	118.132006	40.322770	20595539	4465809	339	小厂乡尤山口村	曹佐来	一级
13028100078	杏	150	8	220	9	118.109063	40.026652	20594013	4432950	104	娘娘庄乡芦北山村	芦北山村委会	三级
13028100079	杏	200	8	260	7	118.110075	40.026652	20594085	4432908	115	娘娘庄乡芦北山村	芦北山村委会	三级
13028100080	杏	150	8	220	8	118.09483	40.000361	20592819	4429973	86	娘娘庄乡芦南山村	谢宝田	三级
13028100081	杏	210	8	262	8	118.135338	40.015916	20596260	4431745	119	娘娘庄乡相古庄村	王秀琴	三级
13028100082	杏	170	7	210	7	118.135338	40.015916	20596260	4431745	119	娘娘庄乡相古庄村	王秀琴	三级
13028100083	杏	170	7	232	7	118.132385	40.016146	20596007	4431767	100	娘娘庄乡芦北山村	李保国	三级
13028100084	板栗	200	9	226	11	117.890671	40.227416	20575162	4455030	97	兴旺寨乡尚禾源	尚禾源	三级
13028100085	板栗	170	9	210	7	117.890131	40.227586	20575115	4455049	97	兴旺寨乡尚禾源	尚禾源	三级
13028100086	板栗	120	7	160	9	117.892748	40.225014	20575341	4454765	79	兴旺寨乡尚禾源	尚禾源	三级
13028100087	丝棉木	150	10	170	11	117.856511	40.114585	20572369	4442470	49	堡子店镇马坊岭黎峪庵	于小春	三级
13028100088	扫帚油松	60	10	170	10	117.645974	40.187472	20554357	4450414	137	清东陵慈安陵前	清东陵文管处	名木

13028100089	水杉	50	21	200	7	117.666798	40.184832	20556129	4450130	113	东陵林场	东陵林场	名木
13028100090	水杉	50	19	234	7	117.666863	40.184830	20556135	4450130	113	东陵林场	东陵林场	名木
13028100091	水杉	50	23	256	7	117.666919	40.184830	20556140	4450130	113	东陵林场	东陵林场	名木
13028100092	水杉	50	19	249	7	117.667158	40.184814	20556160	4450128	114	东陵林场	东陵林场	名木
13028100093	白皮松	60	11	160	12	117.657067	40.194655	20555294	4451217	151	清东陵文管处	清东陵文管处	名木
13028100094	白皮松	60	11	150	12	117.656971	40.194635	20555286	4451214	151	清东陵文管处	清东陵文管处	名木
13028100095	白皮松	60	11	230	14	117.657679	40.194762	20555346	4451229	150	清东陵文管处	清东陵文管处	名木
13028100096	白皮松	60	13	130	7	117.646652	40.187679	20554415	4450437	137	清东陵文管处	清东陵文管处	名木
13028100097	桑树	260	12	310	15	118.046384	40.079853	20588583	4438757	87	新店子镇峪口村李印相家西侧	李印相	三级
13028100098	国槐	2000	8	390	7	117.912864	40.103384	20577194	4441279	36	团瓢庄乡洪水川村幼儿园院内	团瓢庄乡洪水川村幼儿园院内	一级
13028100099	国槐	275	11	274	19	117.649509	40.183982	20554661	4450028	126	东陵乡裕大村	东陵乡裕大村	三级
13028100100	杨树	110	18	332	19	117.930285	40.122642	20578656	4443431	36	东新庄镇凯胜辉煌水泥制品厂院内	张铁加	三级
13028100101	丝棉木	110	10	150	11	117.835187	40.017069	20570648	4431621	27	平安城镇李庄子小学	平安城镇李庄子小学	三级
13028100102	石榴	110	2.7	132	4.2	117.707853	40.184900	20559618	4450156	85	马兰峪镇峪四村王卫民家	马兰峪镇峪四村王卫民家	三级
13028100103	石榴	110	3.4	157	4.5	117.708052	40.184904	20559635	4450157	85	马兰峪镇峪四村王卫民家	马兰峪镇峪四村王卫民家	三级
13028100104	紫丁香	110	2.1	150	4	117.707784	40.184852	20559613	4450151	85	马兰峪镇峪四村王卫民家	马兰峪镇峪四村王卫民家	三级
13028100105	紫丁香	110	11	160	6	117.708126	40.184852	20559642	4450151	85	马兰峪镇峪四村王卫民家	马兰峪镇峪四村王卫民家	三级
13028100106	侧柏	200	10	120	5	117.969123	39.977809	20582137	4427378	161	党峪镇白元村西山永寿寺	党峪镇白元村西山永寿寺	三级
13028100107	银杏	60	7	212	7	117.957783	40.202795	20580901	4452350	53	遵化市依水贵宾楼	遵化市依水贵宾楼	三级
13028100108	银杏	60	5	210	4	117.957381	40.202782	20580867	4452349	53	遵化市依水贵宾楼	遵化市依水贵宾楼	三级
13028100109	石榴	100	3.4	84	3.4	117.940609	40.201191	20579443	4452160	51	遵化市凯歌集团实业公司院内	遵化市凯歌集团实业公司院内	三级
13028100110	石榴	100	3.6	82	4	117.940680	40.201195	20579449	4452161	51	遵化市凯歌集团实业公司院内	遵化市凯歌集团实业公司院内	三级

13028100111	国槐	240	10	192	15	118.148432	40.107340	20597249	4441912	113	东旧寨镇东旧寨中学	东旧寨镇东旧寨中学	三级
13028100112	梨树	350	4	190	7	118.154933	40.048836	597889	4435424	136	铁厂镇刘窝村大城峪	刘连鹏	二级
13028100113	核桃	400	10	350	15	118.186307	40.064629	20600551	4437219	88	铁厂镇铁厂村内张家车店	铁厂镇铁厂村内张家车店	二级
13028100114	侧柏	150	7	380	8	117.765710	40.207752	20564521	4452729	120	汤泉乡唐山工会疗养院	汤泉乡唐山工会疗养院	三级
13028100115	侧柏	150	7	94	5	117.766450	40.207738	564584	4452728	124	汤泉乡唐山工会疗养院	汤泉乡唐山工会疗养院	三级
13028100116	板栗	400	7	370	16	118.064559	40.286032	20589855	4461663	189	侯家寨乡房山沟村	侯家寨乡房山沟村	二级
13028100117	板栗	1000	11	646	11	118.069384	40.287622	20590262	4461843	199	侯家寨乡房山沟村	侯家寨乡房山沟村	一级
13028100118	板栗	400	9	370	12	118.077064	40.288881	20590913	4461990	220	侯家寨乡房山沟村	侯家寨乡房山沟村	二级
13028100119	板栗	300	5	266	7	118.086387	40.290697	20591703	4462200	284	侯家寨乡房山沟村	侯家寨乡房山沟村	二级
13028100120	板栗	400	11	335	11	118.086505	40.292097	20591711	4462355	309	侯家寨乡房山沟村	侯家寨乡房山沟村	二级
13028100121	板栗	110	6	132	8	117.772842	40.211638	20565125	4453166	140	汤泉乡福泉宫	汤泉乡福泉宫	三级
13028100122	板栗	240	6	260	6	117.773105	40.211234	20565148	4453121	142	汤泉乡福泉宫	汤泉乡福泉宫	三级
13028100123	板栗	130	5	155	6	117.773129	40.210993	20565150	4453095	141	汤泉乡福泉宫	汤泉乡福泉宫	三级
13028100124	板栗	220	6	240	8	117.772343	40.210263	20565084	4453013	134	汤泉乡福泉宫	汤泉乡福泉宫	三级
13028100125	油松	450	6	320	10	118.093479	40.291033	20592305	4462244	333	侯家寨乡房山沟村东梨树沟	侯家寨乡房山沟村	二级
13028100126	油松	300	7	90	7	117.758374	40.222796	20563882	4454394	240	汤泉乡果庄子村鸡冠山	汤泉乡果庄子村	二级
13028100127	核桃	300	14	310	15	118.071098	40.310327	20590377	4464365	334	遵化市小厂乡寨主沟村	寨主沟村徐贺中	二级
13028100128	榆树	120	17	250	21	118.060139	40.308715	20589450	4464177	380	遵化市小厂乡寨主沟村	寨主沟村徐贺中	三级
13028100129	黑枣	800	9	250	11	117.947803	40.046010	20580239	4434936	95	遵化市刘备寨乡安各寨村	安各寨村圣泉寺	一级
13028100130	秋子梨	400	10	345	10	117.990643	40.024792	20583911	4432608	138	党峪镇杨家峪村狼窝	杨景春	二级
13028100131	秋子梨	350	7	241	9	117.990214	40.025281	20583874	4432662	128	党峪镇杨家峪村狼窝	杨景春	二级
13028100132	秋子梨	350	9.5	243	12	117.982864	40.028305	20583245	4432993	138	党峪镇杨家峪村狼窝	杨景春	二级

大美遵化（三）（翟小勇 摄）

后记

2005年，遵化被联合国地名专家组织中国分部命名为“千年古县”。“千年古县”历史悠久、文化内涵丰富，在漫长的历史长河中，总要给后人留下历史的、文化的、珍贵的、不可替代的各种资源。为什么要保护古树？最重要的一点是古树是历史给我们留下的珍贵资源之一，同时古树具有唯一性和不可再生性，每一棵古树都有着独特的传说和神奇，是能够证明我地悠久历史、体现我地深厚文化的重要资源。古建筑被破坏了，可以恢复再建，古树没了，只能是没一棵少一棵，是没有办法再恢复的。

古树名木多生于风景名胜区、寺庙、学校、村庄、路边，每一株古树都是生命的奇迹——千年百载生活在同一个地方，历经酷暑严寒、风雷闪电、人为破坏、自然灾害，最终还能生存下来，难道不是奇迹吗？唐代诗人徐凝有诗云：“古树欹斜临古道，枝不生花腹生草。行人不见树少时，树见行人几番老。”徐凝的诗让人不由得感慨万千。

人作为世界的主宰，寿命也就百岁左右，而古树寿命却能达到千年以上。和古树比起来，人类的生命是多么的短暂啊！自古以来，国人向往长寿，不懈地追求长生不老之术。道家通过修炼内功，强身健体，延长寿命；方士通过炼制丹药来延长生命。但是人类生命基因的密码始终没有被破解。古树寿命悠长，国人常视古树为神灵而祭拜，人们祈求神树祛病、去灾、延寿、增福，这是人们的信仰，是中国几千年文化传承。古树为我们展示了儒家思想、道家思想、法家思想、佛家思想等相互融合、相互作用的中国文化。佛家思想在古树文化中分量尤重，因为寺庙多古树，古树文化必然连接寺庙文化。

劫，佛教中指一种漫长的时间，后人借指天灾人祸。在围棋中以打劫指争夺棋眼，往往提子打劫定生死。领悟天地自然之道，不管是古树也好，人也好，生命的过程中都要历劫，小劫通常为疾病，大劫通常为失去生命。遇小劫要坚强，遇大劫要泰然。古树的生命在于静止，人的生命在于运动。古树没有七情六欲，所以抵抗疾病的能力就强；人有七情六欲，在意得失，所以抵抗疾病灾厄的能力就弱。古树能够生存百载千年，一定是经历了自然的、社会的各种劫难，它的痛苦、委屈、孤独、寂寞谁人能够代替？古树自有其精神，保护古树不仅是社会的文明行为，也是尊重生命、爱惜生命的行为，我们人类更要学习古树历劫而不屈、阅尽沧桑仍坚韧的品格。古树保护还要有“道”，要科学，要遵循树木的生物学特点要求，尽量保持古树原貌。有的地方因为保护古树而好心办了坏事，因人类的无知而造成终结古树生命的大劫，实在是令人扼腕叹息！

《遵化古树名木志》的编撰出版得益于遵化市人民代表大会常务委员会副主任曹贺龙的大力支持，得益于“绿色遵化、保护古树”微信群、中共遵化市委宣传部、清东陵文管处、东陵林场及相关乡镇和景区的大力协助。正是他们的支持和帮助，极大地丰富了遵化市的古树文化资料，成就了遵化市挖掘古树文化、整理古树文化、升华古树文化的盛举。

另外，通过中共遵化市委宣传部领导及文产办诸位同仁的推荐，该书稿内容得河北大学教授、高级工艺美术师、燕瓦当文化专家，原保定财贸学校校长吴磬军的认可。在吴教授的推荐下，此书稿在河北大学出版社审稿、立项、出版。

为《遵化古树名木志》封面题字的是于志学先生。于老先生笔名问津、干城，系冰雪山水画创始人，一级美术师。应时任遵化市林业局单宝东局长（现任遵化市自然资源和规划局书记）友情所邀，八十三岁高龄的于志学老先生于2018年9月为本书封面题写“遵化古树名木志”。这七个飘逸俊朗、风骨俱佳、遒劲有力的毛笔书法作品，增加了本书的艺术品位和魅力。

王立民先生书写了李忠林为本书所作七言诗。王立民先生为遵化著名书法家王瑞生先生的首席弟子，号醉墨，其书法得瑞生老先生真传，所书七言诗，笔墨流畅、刚劲有力，可谓好诗好字相得益彰。

《遵化古树名木志》一书图片丰富，这些图片除注明者外，均由李忠林提供，书中“印象·遵化”及第一、第二篇，亦由李忠林撰写。本书以介绍遵化境内古树名木为主线（树龄估算截至2018年10月），向人们生动地展示了历史悠久、山清水秀、旅游发达、幸福宜居的真实遵化形象，宣传遵化、助力遵化发展，不仅是编者诸人的意愿，同时也是每个遵化人的意愿。本书的编写，在遵化引起广泛的关注，社会各界人士人以极大的热情积极参与，虽然第二次古树名木普查工作已经画上了句号，但人们仍不断地为我们推荐、提供古树资源和信息。对我们来说，本书的出版，不是古树名木的调查工作的结束，而是新的开始，还需要持续调查、不断挖掘，这也让我们深深地感到文化的作用是巨大的。

因编写经验不足，水平有限，书中难免有一些疏漏和谬误之处，诚恳欢迎社会各界提出宝贵的批评意见，不胜感谢！

《遵化古树名木志》编辑委员会

2019年6月2日

遵化古树